专业园艺师的不败指南

图 解
阳光玫瑰葡萄精品高效栽培
TUJIE YANGGUANG MEIGUI PUTAO JINGPIN GAOXIAO ZAIPEI

杨治元　陈　哲◎编著

中国农业出版社
北 京

前 言 Preface

《彩图版阳光玫瑰葡萄栽培技术》于2018年出版后，受到广大阳光玫瑰葡萄种植朋友的欢迎，对推动我国阳光玫瑰葡萄发展和种出精品葡萄发挥了一定作用。

一、为什么再写阳光玫瑰葡萄书

1. 对阳光玫瑰葡萄认识不断深化，精品栽培理念和精品栽培技术有创新

我于2015年就认定阳光玫瑰葡萄是值得推广的好品种，从2016年开始致力于阳光玫瑰葡萄的研究，直到现在。

《彩图版阳光玫瑰葡萄栽培技术》写于2017年，是根据自己葡萄实验园2012—2017年栽培实践，同期调查了7个省、直辖市100多块阳光玫瑰葡萄园情况而编写，对阳光玫瑰葡萄性状、特性，以及主要栽培技术的介绍也是基于当时的认识。

《彩图版阳光玫瑰葡萄栽培技术》出版后，我继续致力于阳光玫瑰葡萄的研究，继续赴浙江各地及安徽、广东、湖北、云南、河南、陕西等6个省考察、调查，获得新的丰富的一手资料，对阳光玫瑰葡萄的认识也不断深化。

我"玩"了30多年葡萄，自己管理过142个葡萄品种。我种的藤稔、醉金香、夏黑等葡萄每千克售价20元，阳光玫瑰葡萄售价近30元。而同期嘉兴水果批发市场葡萄销售价格：葡萄种植高手沈金跃、陈方明等种出的藤稔、醉金香、夏黑等葡萄每千克售价只能到10多元，阳光玫瑰葡萄一般售价也只能到20多元，但沈金跃的最高售价曾到32元。阳光玫瑰葡萄是浙江嘉兴30多

年葡萄发展中出现的第1个"好看、好吃、好卖、好价"的极为特殊的品种，置于全国葡萄40多年发展中同样如此。

阳光玫瑰葡萄打动了我的心，越调查、越研究，对阳光玫瑰葡萄的情感越深。浙江嘉兴近3年已种出亩产值超过10万元的阳光玫瑰葡萄园，也出现了种植面积超过100亩的园连续3年亩产值达到5万元，积累了很多宝贵的经验。因此，我深深感到2018年出版的《彩图版阳光玫瑰葡萄栽培技术》写得不够完善，不少葡萄性状、特性那时还未能认知，不少栽培技术认识不够深。在这3年调查研究中，形成了不少新的理念，总结出不少种好阳光玫瑰葡萄的新经验，发现了阳光玫瑰葡萄栽培中出现的新问题，从而萌生了重新写一本阳光玫瑰葡萄的想法，将好的新经验、遇到的新问题告知全国种植阳光玫瑰葡萄的朋友，提升全国阳光玫瑰葡萄精品栽培管理水平，进一步提高阳光玫瑰葡萄亩产值，使更多的种植阳光玫瑰葡萄的朋友增收。

2.全国阳光玫瑰葡萄发展较快，需要新的理念和新的技术指导

我从2016年开始致力于阳光玫瑰葡萄推广直至现在，主要通过出版阳光玫瑰葡萄栽培技术书、举办阳光玫瑰葡萄栽培技术培训班和实地指导等方式进行技术普及推广。

江苏省2016年4月在南京农业大学开办全国葡萄培训班，邀请我讲授阳光玫瑰葡萄课，从那次开始，浙江海盐办的葡萄培训班和赴外地授课内容基本调整为以阳光玫瑰葡萄为主。2016—2020年以阳光玫瑰葡萄为内容的葡萄培训班共举办69次，听课人次达12 400。其中海盐授课38次，浙江其他地区及江苏、安徽、陕西等省授课31次。2018年10月11日在海盐办的阳光玫瑰葡萄培训班，共有来自浙江其他地区及上海、江苏、福建、安

徽、辽宁、河南等6省、直辖市的420多人参加。其中，浙江长兴葡萄产业协会组织30多位果农来听课，后来我又赴长兴授过一次课，长兴阳光玫瑰葡萄发展较快，至2020年已发展到5 000多亩。

到园地指导推动种阳光玫瑰葡萄效果较好。嘉兴秀州区的陈方明2017年7月与我一起到广州和深圳考察、学习阳光玫瑰葡萄种植技术，后来在我的鼓动下，陈方明进一步扩种了阳光玫瑰葡萄，在已有34亩阳光玫瑰葡萄园的基础上，于2018年、2019年将原有的100多亩红地球、藤稔、醉金香、夏黑葡萄全部改种阳光玫瑰葡萄。2020年140亩阳光玫瑰葡萄挂果，大大地增加了收入。海盐果农较愿意采纳我的建议，因此，阳光玫瑰葡萄在海盐发展较快。海盐通元镇的常泉林，2018年秋冬我3次到他的葡萄园，建议他将红地球葡萄改种阳光玫瑰葡萄，第1次只答应种2亩试试，到第3次才决定种20亩，2020年20亩阳光玫瑰葡萄卖了80万元，亩产值4万元，比红地球葡萄亩增值2.5万元，共增值50万元，收回20亩改种成本和2019年的产值，夫妻俩对我很感激。

在全国葡萄界热衷于发展阳光玫瑰葡萄的同路人的共同努力下，2018—2020年是全国阳光玫瑰葡萄发展期，种植范围在扩大，种植面积在增加，现今阳光玫瑰葡萄种植面积已超过100万亩，占全国阳光玫瑰葡萄适宜种植区鲜食葡萄面积的12%左右。

新发展地区产量不稳、果品不精是较普遍存在的现象，出现的问题也较多，急需稳产栽培、精品栽培新技术的普及。出版本书就是为了满足这些地区的需求，有利于种好阳光玫瑰葡萄。

3. 满足一些葡萄朋友的需求

2020年不少葡萄朋友来电告知，近几年阳光玫瑰葡萄栽培中出现了许多新经验，也遇到了不少新问题，要我新写一本阳光玫瑰葡萄栽培指导书。本书也是应这些朋友之邀而写。

我认真实践研究过藤稔、无核白鸡心、美人指、醉金香、大紫王、夏黑、红地球、阳光玫瑰葡萄等8个品种，均编著出版了相应的书籍。藤稔葡萄是最早研究的品种，于1993年、1999年、2007年共写了3本书，均由上海科学技术出版社出版。阳光玫瑰葡萄是最后研究的品种，写2本书，均由中国农业出版社出版。其他6个品种均只写了1本书，也是由中国农业出版社出版。最早研究与最后研究的两个品种分别写了3本书与2本书，这可能是巧合。

二、本书主要内容

1.全书内容做了大调整

本书内容包括的11个知识和技术点是针对11个问题提出并进行编写：海盐县阳光玫瑰葡萄发展现状和增效情况；科学、全面评价阳光玫瑰葡萄；进一步发展阳光玫瑰葡萄；大棚双膜、单膜栽培和避雨栽培；建好园，施好栽植肥，种好苗；管好当年树；以6叶剪梢为主要技术的蔓叶数字化管理；稳产、适产栽培，花穗精管，种出精品果；葡萄营养与阳光玫瑰葡萄施好10次肥；保健卫生栽培，少用农药防好病虫害；卖好葡萄增值等。

与第一本《彩图版阳光玫瑰葡萄栽培技术》相比，调整了三分之二以上的内容，如更科学全面地认知阳光玫瑰葡萄品种性状、特性，用新的理念修订了阳光玫瑰葡萄精品栽培技术。

2.品种性状、特性新认知

重新认知阳光玫瑰葡萄部分涉及14个方面的内容，如精品栽培技术到位的园能充分发挥出售价最高、亩产值最高、亩效益最高的"三高"特性；阳光玫瑰葡萄潜在增值的特性；不提倡超高产、超大穗栽培；管好当年树较难，种出精品果较难；易高产，易大穗，易未熟先卖；用肥量最多，用工量最多；会成为第三个长寿品种等。

对生长势，果穗、果粒性状与坐果、膨大特性，花芽分化与丰产稳产性，果实耐贮运性，抗病性、抗逆性等性状、特性也有新的认知，内容做了调整。

3. 创新调整稳产、适产、精品栽培技术

阳光玫瑰葡萄"稳产、适产、精品、节本、安全"栽培的新理念，稳产为关键，精品为核心，介绍了8项主推技术：大棚双膜、单膜栽培和避雨栽培配套；建园五定位，五个不能搞；管好当年种植树，增加生长量；以6叶剪梢为主要技术的蔓叶数字化管理；稳产、适产栽培，按"3+2+2+3"模式进行花穗精管，选好、用好无核保果剂和果实膨大剂；葡萄营养与阳光玫瑰葡萄施好10次肥料；保健卫生栽培，按"3+2"模式用好药防好病虫害；卖好葡萄增值等。

每项技术涉及三方面的内容：

（1）各项技术的重要性。

（2）各项技术存在的主要问题。从较广泛调查中总结出全国阳光玫瑰葡萄生产中存在的四大问题：一是头年挂果园产量偏低；二是2年及以上挂果园产量不稳；三是果穗不精；四是肥、药成本偏高。8项主要栽培技术调查总结出74个主要问题。这里需要强调的是：只要在栽培实践中能较好地解决出现的每一主要问题，就能种出既稳产又精品的阳光玫瑰葡萄。

（3）各项技术操作内容。注意：每项技术都要搞懂，再结合自己葡萄园的实际情况，认认真真实践应用，就能种出精品果。各项技术不搞懂，马马虎虎管理，种不出既稳产又精品的阳光玫

瑰葡萄。

分析了全国目前新选育和新引进的葡萄品种，还没有一个品种售价和亩产值超过阳光玫瑰葡萄的。一个品种开始推广到成为主要栽培品种之一需10年以上。为此得出结论：10年内还是阳光玫瑰葡萄"一统天下"，再过20年阳光玫瑰葡萄还是一个主要栽培品种。因此，全国阳光玫瑰葡萄适宜栽培区应进一步发展阳光玫瑰葡萄，其种植面积：可发展到一个县或一个地区的葡萄种植面积的30%～40%，全国（按适宜栽培区计）可发展到240万～320万亩。因此，近几年还有较大的发展空间。

种植户可根据各自条件，选择只种植阳光玫瑰葡萄或多数种植阳光玫瑰葡萄。我曾于2018年提出"30亩100万元工程"的理念，即种植30亩阳光玫瑰葡萄，种得好除去当年成本的产值达到100万元，种得中等不除去当年成本的产值达到100万元。在浙江嘉兴不少种植户已实现了这个愿望。

需要提醒的是：当下对于种植面积较小，或还没有种植阳光玫瑰葡萄的农户来说，机不可失，时不再来。

三、本书存在局限性

1.地区局限性

本书栽培理念和精品栽培技术主要总结自浙江嘉兴地区，其他产区的生态环境与嘉兴地区存在较大差异，这就是地区局限性。其他产区对本书介绍的新的理念可以借鉴和应用，有关精品栽培方面的新的技术也可以借鉴和应用，如适产栽培理念和产量指标、花穗精管理念和花穗精管指标。借鉴应用时一定要结合当地生态环境和葡萄园实际情况，不能照搬硬套。

本书提出的新理念和新技术，一时接受不了也没关系，按您已形成的理念和栽培技术继续种植，但建议您对本书提出的新理念和精品栽培新技术在您的园中试验一部分，一亩地也可，一个棚也行。只要您认认真真去实践，当您感到本书提出的新理念和精品栽培新技术，比您的理念和栽培技术产生的效益好，就可大胆地全园实践应用，到那时您的钱袋子肯定会鼓起来。

我在调查中发现，有些葡萄朋友偏于自信，只看到自己的长处，看不到自己的不足，影响了自己水平的提升。"骄兵必败"，种葡萄也是如此，有本事，骄不得。

2020年海盐一块阳光玫瑰葡萄园亩产值高达13万元，我对这位朋友说："是机遇，不是真的有本事"。他对我提出的调整思路的建议也欣然接受，表明是一位明智的朋友。

2.时间局限性

阳光玫瑰葡萄引入我国只有12年，较快发展期只有3年，这就是时间局限性。在今后生产发展中还会认知新的特性，还会总结出精品栽培新的经验，发现存在的新的问题，还要调整完善一些栽培理念和栽培技术。

笔者才疏学浅，水平有限，书中不妥之处恳请专家、学者、读者不吝赐教！

杨治元

2021年3月于浙江海盐

通信地址：浙江省海盐县农业科学研究所（邮编：314300)

杨治元电话：13706838379 陈哲电话：15167397288

目 录 Contents

第8章 稳产、适产栽培，花穗精管，
种出精品果

第9章 葡萄营养与阳光玫瑰葡萄施好10次肥

第1章
海盐县阳光玫瑰葡萄发展现状和增效情况

阳光玫瑰（Shine Muscat）

[类别] 欧美杂交种

[别名] 夏音马斯卡特、金华玫瑰、耀眼玫瑰

[特征] 二倍体，两性花

[来源] 日本果树试验基地安芸津分基地选育。亲本为安芸津21×白南。南京农业大学园艺学院陶建敏教授、江苏南通曹海忠、浙江金华俞才澜同于2009年从日本引入。浙江海盐县农业科学研究所于2012年开始引种阳光玫瑰葡萄

一、海盐县阳光玫瑰葡萄发展情况

海盐县位于浙江省北部杭嘉湖平原，地处北亚热带南缘，是典型的东亚季风气候。全年平均气温15.9℃，年平均高温累计日数明显低于长江中下游同纬度城市。年平均降水量1 189.7毫米，全年无霜期约为240天，全年日照时数平均为1 919.7小时。

海盐县1985年开始引种巨峰葡萄，至2015年全县葡萄种植面积发展到21 815亩，之后面积相对稳定在2万亩左右。

海盐陆域面积为584.96平方千米，每平方千米葡萄种植面积34.2亩，同期浙江全省为4.7亩（每个县面积以1 110平方千米计），全国为1.2亩（每个县面积以3 030平方千米计）。按陆域每平方千米葡萄种植面积计，海盐葡萄种植面积是比较大的。

2012年，海盐县农业科学研究所开始引种阳光玫瑰葡萄，之后，种植户数、种植面积、挂果面积、新种面积逐年递增。

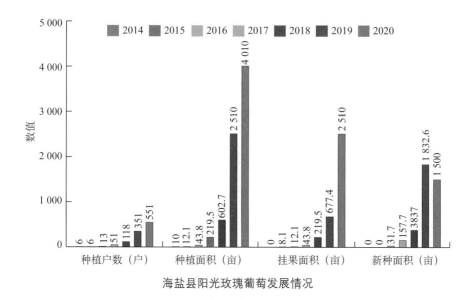

海盐县阳光玫瑰葡萄发展情况

二、阳光玫瑰葡萄增值效果显著

阳光玫瑰葡萄在发展过程中，栽培技术逐步完善成熟，销售市场逐步形成，葡萄亩产量逐步提高，亩产值逐步增加与稳定，增值效果逐步显示。

1.3 年增值情况

（1）2018年，挂果219.5亩，亩产量735.5千克，每千克果平均售价30.98元，亩产值近22 800元。

（2）2019年，挂果677.4亩，亩产量1 285千克，每千克果平均售价27.80元，亩产值约3.30万元，比其他品种亩产值1.44万元增加1.86万元，总产值约2 200万元，约增值1 259万元。

（3）2020年，挂果2 510亩，亩产量1 275千克，每千克果平均售价24.4元，亩产值约3.10万元，比其他品种亩产值1.24万元（浙江2020年遭遇历史上少有的异常梅雨，导致红地球、藤稔、夏黑、巨峰等葡萄裂果、烂果、病果较多，这些品种出现"三减"：产量减、售价减、亩产值减。2020年是葡萄减值年）增加1.86万元，总产值约7 783万元，增值约4 669万元。

2.海盐县2020年葡萄产值情况

阳光玫瑰葡萄2 510亩，亩产值约3.1万元，总产值约7 783万元。

其他品种16 200亩，亩产值约1.24万元，总产值约20 000万元。

合计面积18 710亩，亩产值约1.49万元，总产值约27 783万元。

2020年，由于海盐县阳光玫瑰葡萄挂果面积占总葡萄面积的13.4%，阳光玫瑰葡萄较高亩产值，为全县葡萄亩产值平均增加2 350元。灾年不减产值。

2020年，全县351个种植户投产阳光玫瑰葡萄，每户平均投产7.15亩，每户平均产值22.2万元，除去亩成本1万元，每户平均净收入约15.0万元。

三、阳光玫瑰葡萄总产值超过100万元的农户在增加

杨治元于2018年提出阳光玫瑰葡萄"30亩100万元"的种植理念，2020年海盐县农业科学研究所开始实施"30亩100万元工程"，已收到效果。

1.2019年种植阳光玫瑰葡萄产值超过100万元有2户

（1）海盐县望海街道双桥村周惠中，2018年种植40亩阳光玫瑰葡萄，2019年总产值220万元，亩产值5.5万元。

（2）海盐县沈荡镇新丰村胡富金，2017年种植9亩阳光玫瑰葡萄，2018年新种16亩，2019年挂果面积增至25亩，总产值125万元，亩产值5万元。

2户合计：种植面积65亩，产值345万元，亩产值5.25万元，实现了"30亩100万元"的种植理念。

2.2020年种植阳光玫瑰葡萄产值超过100万元增至8户

（1）海盐县望海街道双桥村周惠中，2019年又种植50亩，2020年挂果90亩，总产值420万元，亩产值4.67万元。

（2）海盐县望海街道双桥村钱国军，2018年种植11亩，2019年总产值65万元，亩产值5.9万元。2019年新种9亩，2020年挂果20亩，总产值123万元，亩产值6.15万元。

周惠中2020年阳光玫瑰葡萄总产值420万元

钱国军2020年阳光玫瑰葡萄总产值123万元

　　（3）海盐县沈荡镇新丰村胡富金，2017年种植9亩，2018年种植16亩，2020年挂果25亩，总产值135万元，亩产值5.4万元。

　　（4）海盐县沈荡镇新丰村胡富黄，2017年种植18亩，2018年亩产值4.55万元，2019年亩产值5万元。2019年新种10亩，2020年挂果28亩，总产值110万元，亩产值3.93万元。

（5）海盐县于城镇构塍村朱利良，2018年挂果11亩，总产值58.0万元，亩产值5.28万元。2019年新种10亩，2020年挂果21亩，总产值105万元，亩产值5万元。

（6）海盐县于城镇构塍村舒丰，2018年种植28亩，2020年总产值107万元，亩产值3.82万元。

（7）海盐县通元镇通元村朱袁良，2017年开始种植，以后逐年扩大种植面积，2019年挂果13亩，总产值79万元，亩产值6.08万元（均迟上市，每千克果售价增20.00元）；2020年挂果25亩，总产值120万元，亩产值4.8万元（12亩迟上市，每千克果售价增20.00元）。

（8）海盐县武原街道红益村周陶军，2016年开始种植，以后逐年扩大种植面积，2020年挂果48亩，总产值185万元，亩产值3.85万元。

上述8块园挂果投产面积共285亩，占全县阳光玫瑰葡萄挂果投产面积的11.4%，总产值1 305万元，占全县挂果投产总产值的17.4%，亩产值4.58万元，超过全县平均亩产值52.7%。

3. 种植阳光玫瑰葡萄总产值达到100万元的条件

（1）**种植面积**　在浙江，种植面积需在20～30亩，总产值才有可能达到100万元，才有可能实现"30亩100万元"的目标。

（2）**适产精品栽培**　亩产量1 500千克左右，每千克果售价30.00元以上。不宜采取超高产栽培，否则售价低，后期易出现裂果、烂果，导致损失，不划算。

（3）**卖好葡萄**　近几年的阳光玫瑰葡萄上市价格表明，浙江嘉兴地区8月下旬至9月上市的阳光玫瑰葡萄销售价格较低。种植面积较大的园，可安排一部分进行大棚促早栽培，提早至7月下旬至8月上旬上市，一部分进行避雨栽培，推迟到10月至11月上旬售价回升后上市，每千克果售价可提高6～12元，亩产值可增加1万～2万元。

四、2020年亩产值达到5万元的园

1. 亩产值达到5万元的园

除上述8块园中有3块园亩产值达到5万元外，还有：

（1）**于城镇构塍村顾志坚**　2018年种植4亩，2020年挂果4亩，总

产值35万元，亩产值8.75万元（推迟上市15～20天，每千克果售价提高14元，增值45.8%）。

（2）于城镇构塍村仇钱良　挂果8亩，总产值53.6万元，亩产值6.7万元。

（3）于城镇八字村董明华　挂果5亩，总产值27.5万元，亩产值5.5万元。

（4）于城镇三联村陈利英　挂果1.3亩，总产值7.3万元，亩产值5.6万元。

（5）于城镇鸳鸯村金其明　挂果9亩，总产值48.6万元，亩产值5.4万元。

（6）于城镇鸳鸯村蔡天明　挂果6.8亩，总产值38.0万元，亩产值5.6万元。

（7）于城镇鸳鸯村姚军明　挂果10亩，总产值61.2万元，亩产值6.1万元。

（8）沈荡镇五圣村王春华　挂果2.2亩，总产值15.5万元，亩产值7.0万元。

（9）通元镇通北村姜建良　挂果5亩，总产值26.0万元，亩产值5.2万元。

（10）通元镇育才村马云峰　挂果5亩，总产值65.0万元，亩产值13.0万元（9月21日上市的，每千克果售价38.00元；10月28日上市的，每千克果售价60.00元）。

上述亩产值超过5万元共10户56.3亩，加上总产值超100万元中亩产值超5万元3户66亩，全县亩产值超5万元的共13户，面积122.3亩。

2.亩产值超过5万元的条件

与总产值超100万元园的条件相同，要适产栽培、精品栽培，还要卖好葡萄。

五、海盐阳光玫瑰葡萄进入较快发展期

阳光玫瑰葡萄在海盐经近几年的种植与发展，最大的收获是广大种植户观念的转变，从对种阳光玫瑰葡萄半信半疑到信而不疑，不再等

待、观望，并一致认为阳光玫瑰葡萄是一个"好看、好吃、好运、好卖、好价"的好品种，是海盐30多年葡萄发展中出现的市场售价最高、亩产值最高、亩效益最高的好品种，是一个种植能致富的好品种，是今后10多年持续处于主导地位的好品种。

在海盐，园地、劳力等符合种阳光玫瑰葡萄条件的葡农，多数将红地球等葡萄园逐步改种阳光玫瑰葡萄。因此，阳光玫瑰葡萄发展较快，2020年新种1 500多亩，2021年挂果面积将达4 000亩以上，占全县葡萄种植面积的20%以上。2021年新种面积有望超过3 000亩，全县种植面积将达到7 000多亩，占葡萄面积的1/3以上，成为主栽品种。

第 2 章
科学、全面评价
阳光玫瑰葡萄

一、精品栽培技术到位的园能发挥"三高"特性

1."三高"表现

（1）果实售价最高　浙江嘉兴2017—2020年阳光玫瑰葡萄精品果每500克售价在20元以上，最高达32元。

（2）亩产值最高　精品栽培到位的园亩产值5万元以上，最高10多万元。

（3）亩效益最高（除去当年成本）　4万元以上，高的6万多元。当年利润率70%以上。

通常比其他品种种得好的园高1倍以上，种30亩可创收100万元，是个致富好品种。

2.浙江12块阳光玫瑰葡萄园高产值调查

（1）浙江嘉兴秀州区陈方明　进入21世纪种葡萄50亩，品种为藤稔、醉金香、夏黑、红地球等，总产值稳定在100万元左右，亩产值稳定在2万元左右。

陈方明2020年阳光玫瑰葡萄亩产值5万多元

2010年开始种植阳光玫瑰葡萄，以后逐年发展，调减其他品种。阳光玫瑰葡萄2014年挂果6亩，2015年挂果20亩，2017年挂果34亩，2019年挂果100亩，2020年挂果增至140亩。

2015年挂果20亩，亩产1 000千克，每千克售价20元，亩产值2万元。

2017年挂果34亩，亩产1 590千克，每千克售价38元，总产值205万元，亩产值6.04万元。

2019年挂果100亩，亩产1 500多千克，每千克售价40.8元，亩产值6.1万元，总产值610万元，除去当年成本每亩1.5万元（包括大棚折旧每亩2 000元），共150万元，净效益450万元。

2020年挂果140亩，亩产1 500多千克，亩产值5万多元，总产值700多万元，除去当年成本每亩1.5万元（包括大棚折旧每亩2 000元）计210万元，盈利500多万元。

（2）浙江桐乡市濮院镇沈金跃　进入21世纪种葡萄50亩，品种：藤稔、醉金香、夏黑、红地球等，总产值稳定在100万元左右，亩产值稳定在2万元左右。

2016年开始调减葡萄面积、调整品种，种植阳光玫瑰葡萄8亩，2017年种植13亩，共21亩。

沈金跃2020年阳光玫瑰葡萄亩产值6.4万元

2018年挂果21亩，亩产量1 000多千克，每千克售价50元，总产值105万元，亩产值5万多元。

2019年挂果21亩，亩产量1 500多千克，每千克售价48元，总产值151万元，亩产值7.19万元。

2020年挂果21亩，亩产1 600千克，每千克售价40元，其中14亩果实质量好，每千克售价48元，7亩叶片早黄化（限根栽培，水分没有管理好），果实质量稍差，每千克售价仅24元。计平均亩产值6.4万元，比2019年下降7 000多元。

（3）浙江海盐于城镇朱利良 老园4亩，品种为红地球葡萄，亩产值2万多元。

2015年老园改种阳光玫瑰葡萄1亩。

2016年建新园20亩，其中阳光玫瑰葡萄10亩，夏黑10亩。2018年夏黑葡萄上市后改种阳光玫瑰葡萄。

2017年挂果11亩，亩产量1 250多千克，每千克售价26元，亩产值3.02万元。

2018年挂果11亩，亩产量1 245千克，每千克售价41.8元，总产值58.0万元，亩产值5.28万元。

2018年8月3日淹水30小时，树虽没死，但根系影响很大，2019年树长得不好，僵果多，果粒小，亩产值降至2.5万元。

2020年挂果21亩，树长得好，果穗精品率高，亩产量1 550千克，每千克售价32.6元，亩产值5万多元，总产值105万多元。

（4）浙江海盐望海街道钱国军 老园种植藤稔、醉金香、夏黑、红地球葡萄，2017年葡萄上市后弃种。

2018年建新园33亩，其中阳光玫瑰葡萄11亩，另种夏黑、醉金香等葡萄。

2019年9亩醉金香葡萄改种阳光玫瑰葡萄，2020年9亩夏黑葡萄上市后也改种阳光玫瑰葡萄，计阳光玫瑰葡萄共29亩，红艳葡萄4亩。

2019年阳光玫瑰葡萄挂果11亩，亩产量1 640千克，每千克售价36元，亩产值5.9万元，总产值约65万元。

2020年挂果20亩。其中，大棚栽培的11亩于8月底售完，总产值80多万元，亩产值约7.3万元，比2019年增加了1.4万元/亩。

2019年改种的9亩进行避雨栽培，2000年9月18日售完，亩产量

1 350千克，每千克售价36元，亩产值4.86万元，总产值约43.7万元。

20亩总产值123.7万元，平均亩产值约6.19万元。

（5）浙江海盐望海街道双桥村周惠中　2014年建250亩葡萄园，红地球200亩，夏黑、藤稔等50亩，2015年开始产值在300万～320万元，总成本250万元，年盈利50万元左右，亩盈利2 000元左右，赚点辛苦钱。

2018年红地球园改种40亩阳光玫瑰葡萄，2019年40亩阳光玫瑰葡萄总产值220万元，亩产值5.5万元。其他品种150亩，总产值200万元，计总产值420万元，成本200万元，盈利220万元。开始改变产值徘徊不前的局面。

2019年再改种50亩阳光玫瑰葡萄，2020年阳光玫瑰葡萄投产90亩，总产值420万元，亩产值4.67万元。其中老园40亩，亩产值5.5万元；2019年种的新园50亩，亩产值约4万元。

红地球葡萄58亩，总产值70万元，亩产值1.2万元。其他品种40亩，总产值70万元。

2020年挂果面积共190亩，其他品种100亩，产值140万元。计2000年总产值560万元，成本220万元，盈利330万元。

周惠中走种植阳光玫瑰葡萄之路，成为海盐种葡萄第一富。

（6）浙江海宁市斜桥镇周志昂　原种葡萄120亩，品种为夏黑、藤稔、醉金香、红地球。

2016年改种阳光玫瑰葡萄25亩，2017年果实品质较好，产品多销往广东，亩产值5万元，总产值125万元。

2017—2018年将120亩其他葡萄品种全部改种阳光玫瑰葡萄。2019年总产值480万元，亩产值4万元。

2020年总产值达600万元，亩产值5万元，总成本180万元，盈利420万元。

（7）浙江桐乡市濮院镇严开义　2016年在浙江桐乡承包土地种葡萄，2018年阳光玫瑰葡萄投产30亩，2019年投产70亩，精品栽培较到位，亩产值达到4.2万元，总产值420万元。

2020年阳光玫瑰葡萄投产90亩，总产值400多万元，盈利280多万元。

（8）浙江嘉兴南湖区林根　种葡萄60亩，品种为夏黑、藤稔、醉金香、红地球。2017年开始调整品种，发展阳光玫瑰葡萄。2020年阳光玫瑰葡萄投产40亩，总产值180万元，亩产值4.5万元，总成本60万元，盈利120万元。

(9) 浙江桐乡市濮院镇马德兴　2018年、2019年、2020年连续3年,投产阳光玫瑰葡萄200亩,产值1 000万元,亩产值保持5万元。创浙江省较大面积亩产值超5万元记录。

(10) 浙江嘉兴秀州区王店镇郑坚　2019年种阳光玫瑰葡萄23亩,管理到位,2020年亩产量1 650千克,每千克售价36元,亩产值5.9万元,总产值近136万元。

(11) 浙江宁波市江北区洪塘镇陈海珍　2018年购5BB砧木阳光玫瑰葡萄苗1 000株,种植7亩地,2019年总产值30万元,亩产值近4.3万元。2020年总产值56万元,亩产值8万元。

(12) 浙江三门县叶邦多　在临海市牛头山承包土地种葡萄,2018年种阳光玫瑰葡萄,2020年投产9亩,总产值46万元,亩产值5.1万元。

3.阳光玫瑰葡萄"三高"的原因

(1) 外因　日本出口的阳光玫瑰葡萄精品果实通过香港销到广州,每千克果售价稳定在600元。广东深圳精品果每千克售价160元,其他地区80元,拉动了各地的价格。云南利用5月早上市的优势,精品果每千克售价60 ～ 80元。

(2) 内因　阳光玫瑰葡萄的优良品质。表现在:

①好吃。国内现在种植的几十个葡萄品种,阳光玫瑰葡萄是最好吃的品种之一。可溶性固形物含量达18%～20%,有香味,人人喜欢吃。

②早果性、丰产性、稳产性较好。南方当年种植管理到位的园,第2年亩产量可达1 000 ～ 1 500千克。挂果园可稳产1 500千克/亩。

精品果穗

③采用保果无核、果实膨大栽培，果粒重可从8克增至15克；通过花穗精管，能种出好看的精品果穗。

④抗病性、果实耐高温特性好。设施栽培条件下，只要防好灰霉病，其他病害发生均较轻，且裂果、烂果、病果少，好果率高。

果实耐高温特性较好。正常生长的园果实第2膨大期遇高温（棚温）35℃以上的天气，果实也不会变软。

⑤果实耐贮运性好，利于长途运输销售。

二、阳光玫瑰葡萄挂果推迟上市利于增值的特性

阳光玫瑰葡萄自2009年引入我国至今已有12年，在栽培、销售实践中阳光玫瑰葡萄的特性不断显现，不断被认知。主要表现在：

1.成熟果实挂果推迟上市能增值

（1）海盐于城镇构滕村顾志坚　2020年种植阳光玫瑰葡萄4亩，笔者于10月13日看了他的园，亩产2 000千克，正常上市每千克售价30

2020年挂果推迟采摘葡萄园

元，亩产值6万元，总产值24万元。但顾志坚采取树上挂果措施，推迟至10月下旬至11月上旬上市，此时每千克果售价高达44元，总产值35万元，亩产值8.7万元。成熟果推迟15天左右上市，每千克果售价增加14元，每亩增收2.8万元，4亩共增收11.2万元。

（2）嘉兴南湖区凤桥镇林根 2020年种植阳光玫瑰葡萄40亩，37亩根据葡萄成熟度及时上市销售，每千克售价40元。3亩采取树上挂果推迟到10月下旬上市销售，亩产量1 750千克，每千克果售价52元，亩产值9.1万元。每千克果售价提高12元，每亩增收2.1万元，3亩共增收6.3万元。

2019年，海盐、桐乡另有两块园迟至10月15～30日上市销售，每千克葡萄增值12元，亩增值2万多元。

2.成熟果实冷藏推迟上市能增值

海宁周志昂2020年120亩阳光玫瑰葡萄，产量近25万千克。大棚栽培阳光玫瑰葡萄成熟上市销售了10万千克，收入300万元。避雨栽培的近15万千克阳光玫瑰葡萄采摘后全部入冷库贮藏，10月下旬至11月上旬上市销售，每千克果售价50元，收入750万元，增值300万元，冷藏成本约50万元，净增值250万元。

阳光玫瑰葡萄种植30亩以上的园，可自建冷库，视情况进行果实冷藏增值。

三、不提倡超高产、超大穗栽培

近几年出现超高产（2 500千克以上）、超大穗（1 250克以上）、超量施肥栽培，获得亩产值7万元以上的园，引起广大种植者关注。其实这些园是赌出来的，是靠运气碰出来的，是难以持续的，不是规范的高产栽培经验。

1.浙江宁波江北区洪塘镇种植户

2018年种7亩阳光玫瑰葡萄，管理较好，2019年总产值30万元，亩产值4万多元，2020年总产值56万元，亩产值8万元。笔者于2020年8月考察了她的园，每亩2 600多串葡萄，亩产量2 750千克以上，果穗自然形，7月中旬至8月中旬上市销售，每千克果售价30元。我明确告诉她不是真正的理想高产经验，明年应调整理念，适产精品栽培，亩产值定位6万元。

2.浙江桐乡市濮院镇

笔者于2020年6月18日到沈金跃园进行现场授课，看了附近一块园，该园2019年进行高产栽培，9月10日前每千克果售价24元左右，价高不好卖而暂不上市销售，等到10月嘉兴市场售价上涨，每千克果售价50元，亩产值达到10万多元。

超高产、超大穗栽培

这种园的果实不好看，不好吃，可溶性固形物含量低于15%，影响了阳光玫瑰葡萄很好吃的信誉，不利于维护阳光玫瑰葡萄"好看、好吃、好卖、好价"的市场。

这种园风险很大，如遇到不良的气候条件或后期肥水管理不当，会导致惨重的损失。笔者就遇到过这样的两块园。

（1）浙江海盐于城镇2019年3.5亩一块园。我实地调查每米果穗13串，每亩3 250串，亩产量3 000千克以上。后期肥水管理不当，导致果实成熟前裂果、烂果，剪掉1/4果穗，实售产量1 900千克，每千克售价20元，亩产值3.8万元（2018年亩产值5万元）。

（2）浙江海盐望海街道2020年一块40亩园。每米果穗13串，每亩3 000多串，亩产量3 000千克以上。根据2020年50天梅雨期，7月份我预计到这块园出问题可能性很大。不出所料，9月20日接到电话真的出问题了，裂果较严重，突击上市每千克20元也不好卖，损失100多万元（2019年亩产值5.5万元）。

四、嫩梢、幼叶、叶片、枝蔓特性及生长势

1.嫩梢、幼叶

生长正常的嫩梢黄绿色，梢尖附带浅红色，密生白色茸毛。幼叶浅红色，上表面有光泽，下表面有丝毛。

2.叶片

心脏形，绿色，5裂，上裂刻较深，叶背有稀疏茸毛，叶柄长。

叶片不平展有皱缩。有些园轻些，有些园重些，类似病毒病症状，这是与其他品种区别的重要特性。皱缩叶片不严重不影响花芽分化和果实生长、膨大。

调查发现，长势旺盛的园平展的叶片多，皱缩的叶片少；长势较弱的园平展的叶片少，皱缩的叶片多。表明皱缩叶片多少和皱缩程度与长势关系密切。

冬季落叶较晚。

叶片皱缩

3.枝蔓

前期绿色，成熟枝蔓浅黄褐色。枝蔓中等粗，节间较长，枝蔓能正常成熟。

4.生长势

阳光玫瑰葡萄生长势中等。其生长势强弱与砧木、施肥关系密切，用生长势强的砧木长势较强，叶片较大；用生长势较弱的砧木长势较弱，叶片较小。其生长势强弱还与肥水管理关系密切。相同苗木，肥多、土壤较湿的园生长较旺盛，叶片较大；肥少、土壤较干燥的园生长较弱，叶片较小。

5.副梢发枝力不强

新梢上发出的副梢抹除后，顶端副梢继续较快生长，其余副梢基本不再发出。

当年种植园：树体长势旺，树易长好，不会出现僵苗；长势不旺，易发生僵苗。

挂果园：树体长势旺，不易出现僵果，果粒较大易种出精品果；树体长势不旺会发生僵果，果粒小，较难种出精品果。

五、果穗、果粒特性与坐果、膨大特性

1.果穗

果穗圆锥形。实验园2013年阳光玫瑰葡萄自然坐果，果穗纵横径：22厘米×13厘米。自然坐果落果偏重，果穗较松散，果穗重500～650克，平均585克，最大穗重820克。

2.果粒

果粒椭圆形。实验园2013年阳光玫瑰葡萄自然坐果果粒纵横径2.9厘米×2.2厘米，果粒重7～8克。果皮中厚，绿黄色，完熟可达到金黄色，幼果至成熟果都有光泽。果肉口感细腻，肉质脆甜爽口，果实可溶性固形物含量达18%～22%，最高可达27%。浓玫瑰香味，味清甜，甜而不腻，口感很好，无涩味，可带皮食用。

实验园阳光玫瑰葡萄自然坐果挂果状

自然坐果超大穗

长势较弱的树会有果粉，成熟期易产生果锈；长势旺的树不会产生果粉，成熟期不易产生果锈。

果　锈

3.坐果特性

自然坐果落果偏重，果穗较松散。需要采用无核保果栽培。果粒对激素很敏感，果粒大小可塑性很强，果穗经膨大剂处理和大果栽培配套技术到位，果粒重可达15～20克，甚至25克，最大果粒重达28.9克。

无核保果、膨大栽培可完全改变果穗、果粒性状，果穗重可达1 000克以上，甚至2 000克；果粒重可达18克以上，甚至25克，达到大穗、大粒。

无核保果膨大栽培果粒大小取决于管理水平。调查到果粒横径与粒重关系：随横径加大，粒重增加。如果果粒横径2.5厘米粒重10克，2.6厘米11克，3.0厘米15克，3.3厘米21克，3.5厘米25克。

超大果粒易空心。果粒横径3厘米以上、重16克以上会产生空心。果粒横径3.2厘米以上、重18克以上全是空心。

超大果粒横径

大穗、大粒栽培容易高产。大穗、大粒、高产栽培，果实品质下降，含糖量低，无香味（既不阳光也不玫瑰），口感不好，成熟推迟，售价低，失去阳光玫瑰葡萄"好看、好吃、好卖、好价"的优良性状，并易发生果实病害。因此要适产、精品栽培。

4.果实膨大过程会产生僵果

僵果粒明显小于正常果粒，一串葡萄中有几粒僵果就会降低售价，僵果越多售价越低。僵果主要发生在长势中等及较弱的园和大穗栽培园。发生期主要在果实第2膨大期，长势弱的园果实第1膨大期也会发生。因此，要采取措施使树体长势要旺，果穗不能太大，以减少、避免僵果发生。

六、花芽分化与丰产稳产特性

1.按阳光玫瑰葡萄特性规范管理园花芽分化好，丰产、稳产性好

（1）当年种植园如规范建园与管理，南方第2年就有1 500千克以上产量的花量，北方多数地区有750千克以上产量的花量。

（2）挂果园规范管理，连年有2 000千克以上产量的花量。

2.当年种植园第2年产量偏低普遍存在

表现在南方地区当年种植园第2年亩产量1 000千克以下，甚至更低，个别园无花、无产量。

3.挂果园产量不稳定较普遍存在

表现在年份间产量高高低低，有的年份亩产量2 000千克以上，有的年份1 000千克以下或更低。

七、抗病、抗逆性

1.抗病性

花穗易发生灰霉病。设施栽培条件下，只要防好灰霉病，其他真菌病害发生均较轻。非传染性病害裂果少，烂果也少。

灰霉病症状

2.抗逆性

浙江2020年遇到历史上少有的异常梅雨。海盐县5月29日"入梅"，7月18日"出梅"，长达50天，比常年22天增加27天，降水量661.9毫米，比常年227.8毫米增加434.1毫米，导致红地球、藤稔、夏黑、甬优、巨峰等葡萄裂果多、烂果多、病果多，产量减，售价减，产值减。但在此异常气候条件下，阳光玫瑰葡萄表现出裂果少、烂果少、病果少，经受了考验。

3.耐高温特性

阳光玫瑰葡萄果实耐高温特性好。正常生长的园果实第2膨大期遇最高气温（棚温）35℃以上，果实不会变软。浙江嘉兴2020年7月18日"出梅"后，直至8月27日是晴热高温天气，最高气温超过35℃以上达20多天，但生长正常的阳光玫瑰葡萄园没有出现软果。

注意　阳光玫瑰葡萄叶片不耐高温。新梢生长期连续阴雨天气转高温天气，易发生青枯焦叶。

4.不耐涝

阳光玫瑰葡萄当年种植园气象学夏季淹水20小时会死树，挂果园淹水48小时以上会死树。淹水阳光玫瑰葡萄园即使不死树，对根系影响也大，导致下一年树长不好，叶片小，果粒不大，僵果多。

连阴雨天突然转晴高温产生青枯（1）

连阴雨天突然转晴高温产生青枯（2）

八、果实易发生日灼、气灼、日焦的特性

1.日灼

阳光玫瑰葡萄果实第1膨大期叶幕不能遮果会发生日灼。

2.气灼

多发生在果实第1膨大期，气温（棚温）超过32℃，没有晒到阳光

日灼果

气灼果

的果粒出现褐色斑块，称气灼。通风透光差的园、结果部位低的园易发生气灼。

日焦果

3. 日焦

阳光玫瑰葡萄果实第2膨大后期至销售期，果穗上部果粒干瘪似葡萄干，每串果穗有5～20粒。果穗不套袋的园会发生日焦，发现果实日焦要立即套袋。

九、果实耐贮运性好果

阳光玫瑰葡萄与红地球葡萄相似，是一个较耐贮运的品种。阳光玫瑰葡萄成熟果实可挂树保鲜30天，果实不变味、不脱粒、不褪色。成熟果实不易落粒，较耐贮存。成熟果穗放在冰箱内，一个月内果实完好。

十、管好当年树和种出精品果较难的特性

1. 管好当年树较难

表现在易发生僵苗，树秋发，全园生长不均匀的现象，均影响下一年花量与产量。这种园各地每年都有，尤其是新发展区这种园较多。

2. 种出精品果难度最大的品种

阳光玫瑰葡萄精品果好看、好吃、好卖、好价。浙江嘉兴2020年每千克果售价32元以上，亩产值4万元以上精品果的园只占20%左右。多数园没有种出精品果，表明种出精品果有较大的难度。

十一、易高产、易大穗、易未熟抢卖的现象

1. 易高产、超高产

花芽分化好的园易高产、超高产。如2020年亩产量超2 000千克的

园较普遍，超2 500千克以上的园也存在。

2.易大穗

7厘米及以上整花序，二层果、三层果整果穗，长度不整。少数园不整花序、不整果穗，果穗重超过1 000克，有的1 500克，甚至2 000克。

3.黄绿色品种易未成熟抢卖

有色品种果实成熟度和含糖量从果皮颜色上即可较准确判断，果实成熟度比较好掌握。但黄绿色品种的阳光玫瑰葡萄，从果皮颜色较难判断成熟度和含糖量。2020年可溶性固形物含量个别园仅11%就上市，食而无味；不少园可溶性固形物含量仅15%就抢卖，不好吃，虽一时获利，但会失去消费市场的信任，吃亏的还是果农。

阳光玫瑰葡萄种植者在销售上必须讲信誉，到好吃时才上市，共同维护阳光玫瑰葡萄好吃的"声誉"。

十二、用肥量和用工量最多的特性

1.总用肥量和有机肥用量最多的品种

阳光玫瑰葡萄属于需肥多的品种中需肥更多的品种，全年氮素肥料施用量每亩达40多千克，比红地球、醉金香等需肥多的品种用肥量还要增加1/4左右。

有机肥

阳光玫瑰葡萄园年年需施用较多的有机肥，有机肥中氮素用量要占到氮素总用量的50%，这样树较容易长得好，果实好吃。如有机肥料少施，树不容易长好，果实不好吃。

2.亩用工量最多的品种，干活要及时

精品栽培花穗要精管，重整花序2次、整穗2次、疏果粒3次、定果穗3次，亩用工10个以上，超过目前栽培的所有品种。施肥次数比其他品种多，用工也增加。

十三、晚熟品种

阳光玫瑰葡萄属于晚熟品种，浙江海盐县农业科学研究所葡萄实验园，2013年避雨栽培，萌芽期3月25日，开花期5月9~17日，成熟销售期8月20~30日，萌芽至开始成熟上市148天，属晚熟。与红地球葡萄同期成熟。

由于阳光玫瑰葡萄果实耐高温，浙江嘉兴采用双膜、单膜、避雨栽培合理搭配，葡萄销售期从7月下旬至11月上旬，长达100多天，遇7~8月高温天气也不会软果。正常生长的阳光玫瑰葡萄进行避雨栽培，已成熟果实推迟至10月中旬至11月上旬上市销售不会落粒、退糖。

十四、具备成为第3个长寿品种的特性

1.葡萄长寿品种的概念

指在全国较广泛栽培，作为主要栽培品种长达20年以上。我国鲜食葡萄40年发展中出现了两个长寿品种：

（1）巨峰葡萄　1956年引入，20世纪80年代开始发展，至今还有较大面积栽培，历时40多年。

（2）红地球葡萄　1987年引入，20世纪90年代开始在北方发展，进入21世纪开始在南方发展，至今还有较大面积种植，历时30多年。

2.阳光玫瑰葡萄会成为第3个长寿品种

我于2018年编著出版的《彩图版阳光玫瑰葡萄栽培技术》一书中明

确提出，我国已进入阳光玫瑰葡萄时代，阳光玫瑰葡萄会成为第3个长寿品种。现在这个信念我更坚定。

阳光玫瑰葡萄2009年引入。2018年开始较快发展，由于口感超过其他品种，售价超过其他品种，亩产值超过其他品种，发展势头不减。至今还没有可与阳光玫瑰葡萄一比高低的品种，一个好品种开始发展至少5年能成气候。可以预料，2030年前阳光玫瑰葡萄将继续引领全国葡萄产业，至2040年阳光玫瑰葡萄还会占有较大面积，成为第3个长寿品种。

十五、评价与展望

阳光玫瑰葡萄经12年发展，已被公认为是一个"好看、好吃、好运、好卖、好价"的好品种，是我国近40年鲜食葡萄发展中出现的市场售价最高、亩产值最高、亩效益最高的好品种，是继巨峰、红地球葡萄后能成为第3个时代品种、长寿品种，今后十多年继续立于鲜食葡萄主导地位的好品种。

第1个时代品种——巨峰葡萄

第2个时代品种——红地球葡萄

第3个时代品种——阳光玫瑰葡

第 **3** 章
进一步发展阳光玫瑰葡萄

晁无疾教授2019年10月16日在浙江嘉兴授课时，提出阳光玫瑰葡萄栽培适宜区的概念，除新疆、宁夏、内蒙古、黑龙江等地因秋季气温低不能安全成熟，降水少不能满足阳光玫瑰葡萄对水分的需求，不适宜发展阳光玫瑰葡萄外，其他地区都可种植阳光玫瑰葡萄。目前，在这些适宜种植区域，全国鲜食葡萄种植面积约有800万亩。因此，阳光玫瑰葡萄在适宜栽培区发展空间巨大。

一、阳光玫瑰葡萄进一步发展理念

1.全国发展理念

阳光玫瑰葡萄种植面积在适宜栽培区发展到占鲜食葡萄面积的30%～40%，即240万～320万亩，如发展到这个面积，全国鲜食葡萄亩产值会有较大提高，葡萄种植者的经济收入也会有较大增加。

2.一个县、一个地区发展理念

如阳光玫瑰葡萄种植面积发展到一个县、一个地区鲜食葡萄面积的40%，就可大大提高这个县、这个地区的葡萄亩产值。

3.葡萄种植单位或种植户

笔者于2018年提出30亩阳光玫瑰葡萄100万元的理念，即30亩100万元工程，有两种含义：

一是管理水平一般，亩产值3.5万元，总产值105万元。

二是管理水平较好，亩产值4.5万元，总产值135万元，除去当年成本35万元，盈利100万元。

一个农户一年收入100万元，苦干5年就是500万元，苦干10年，1 000万元。够了。

尚未种阳光玫瑰葡萄的农户，要跟上时代种植阳光玫瑰葡萄。阳光玫瑰葡萄种植面积较小的农户也应扩大面积。

种多少为好，30亩目标100万元。

4.浙江嘉兴进入较快发展期

浙江嘉兴种葡萄的果农经3年的实践和观察，对种植阳光玫瑰葡萄已充满信心，2020年冬开始进行较大面积的发展。

如嘉兴凤桥种巨峰的较多，现翻掉巨峰种阳光玫瑰葡萄已较普遍。号称"葡萄王"的高邦强，巨峰、藤稔、醉金香葡萄种得很好，他种的巨峰葡萄在嘉兴市场售价稳定在7～8元，每年为最高，葡萄亩产值稳定在2万多元。但2020年秋他将25亩巨峰葡萄全部翻掉改种阳光玫瑰葡萄。

5.认识上存在的问题

（1）葡萄界专家　不少专家不主张较大面积发展阳光玫瑰葡萄，认为阳光玫瑰葡萄种好难度大，大面积种植风险较大。

（2）种植农户　没有种过担心种不好，下不了决心种阳光玫瑰葡萄；原种植的品种效益还好，下不了决心翻掉改种；对阳光玫瑰葡萄发展前景认识不清，下不了决心较大面积发展。

到该下决心发展阳光玫瑰葡萄的时候了，不能再一年等，二年看，三年还在等着看。其实前三年的好机会已经过去了，现在还不晚。再等三年你的收入可少多了。

二、发展阳光玫瑰葡萄基本条件

1.种植者要有精品栽培理念

立志种出精品果的可以发展阳光玫瑰葡萄，只种"大路货"果的建议不要种植阳光玫瑰葡萄。

现代化阳光玫瑰葡萄园

2.园地不会受涝，有独立排涝设施

葡萄园遇突降大暴雨10个小时内能排出积水可以种植，没有独立排涝设施、易受涝的园不宜种植阳光玫瑰葡萄。

3.要有较充足的水资源

阳光玫瑰葡萄春、夏、秋三季生长期需水量较多，有较充足水资源的园可种植；如没有充足水资源、易受旱的园不宜种植阳光玫瑰葡萄。

4.要有较充足的有机肥料资源

阳光玫瑰葡萄年年要施用较多的有机肥料，有较充足的有机肥料资源的可以种植，没有较充足的有机肥料资源的不宜种植。

5.花穗精管期要有充足的管理用工

阳光玫瑰葡萄开花坐果期至果实第1膨大期的前期，要2次整花序、2次整果穗、3次疏果、3次定穗，且时间要求较严格。这期间如有充足的管理用工，能按时完成这些活可以种植，如这段时间管理用工不能满足，不宜较大面积种植阳光玫瑰葡萄。

三、全面提高亩产值

发展阳光玫瑰葡萄的核心是全面提高亩产值。

（1）亩产值已达到4万元及以上的园，要稳住亩产值，力争有所提高。

（2）亩产值3万多元的园，努力达到4万元。

（3）亩产值2万多元的园，努力达到3万～4万元。

（4）亩产值2万元以下的园，努力达到3万元及以上。

（5）2020年建园生长不够好的园，要从实际出发，根据树体生长状况，确定合理的产量水平，采取精品栽培，不要采用大穗栽培。挂果要与培养树体相结合，为2022年力争较高产值打下较好的基础。

（6）老观念，采用超高产大穗栽培，2020年亩产值达到或超过5万元的园。要客观评价这类园，管理这类园很辛苦，还担较大的风险，最后亩产值达5万元或以上很不容易。

　　这绝对不是好经验，不宜推广。这类园果实成不了精品，品质一般，根本没有体现出阳光玫瑰葡萄是一个最好吃的品种的特性。当下能卖到那么多的钱，是极不正常的，是不能持久的。如果市场上均是这种不好吃的阳光玫瑰葡萄，则将会被市场淘汰，吃亏的还是广大葡萄种植者。

　　超高产大穗种植者应尽快转变这种不能体现阳光玫瑰葡萄高品质特性、不能持久被市场接受的种植理念。

第 **4** 章
大棚栽培和避雨栽培

南方地区阳光玫瑰葡萄多采用大棚、避雨栽培，北方地区也在发展大棚、避雨栽培，这是种好阳光玫瑰葡萄的基础。

一、大棚栽培、避雨栽培的优越性

1.大棚栽培能提早成熟、能增值

大棚栽培促早熟效果：管理到位大棚单膜栽培比避雨栽培能提早成熟15～20天，大棚双膜栽培比单膜栽培能提早成熟15～20天。早熟栽培，每千克果实能提高销售价格2～5元，能提高亩产值0.6万～1.5万元。

大棚单膜栽培

简易避雨棚

大棚双膜栽培

2.利于劳力安排，延长销售期

种植面积较大的园，大棚双膜、单膜和避雨栽培三种栽培方式合理配套，有利于劳力安排，有利于拉长葡萄销售期，安排得好的话，销售期可长达100多天。

3.大棚促早、避雨栽培能减轻病害，少用防病农药

葡萄蔓、叶、果有棚膜覆盖不受雨淋，可大大减轻通过雨水传播的真菌病害，黑痘病、霜霉病、炭疽病不发生或少发生，可不用或少用农药。

二、大棚栽培、避雨栽培存在的主要问题

1.大棚架搭建不牢固

浙江多用毛竹搭建棚架，抗风、抗雪能力较差，大雪压塌大棚较多，台风刮垮大棚也不少。调查到云南建水，用芦竹搭建的避雨棚，极不牢固。

2.大棚架散热带太窄，易导致热害

调查到江苏常州一个钢管连栋大棚两棚间散热带仅10厘米，导致热害，影响花芽分化和花芽补充分化。浙江永康、龙游等地有些避雨棚，两棚间没有散热带，导致热害，影响花芽分化和花芽补充分化。

热害引起花芽退化

避雨棚间的散热带

3.大棚促早熟栽培封膜太早

浙江台州2020年大棚双膜促早熟栽培，不少园于2019年11月就封膜，封膜后高温热害，导致花芽退化，产量较低。

4.大棚促早熟栽培揭围膜太晚，易导致热害

调查到不少促早熟栽培大棚，为了增加棚内积温，围膜揭得较晚，甚至到葡萄开始上市时才揭去围膜。其实棚温太高既影响成熟，也影响有色品种着色。棚温超过35℃时间较长，会导致热害，影响花芽分化。

5.冬天不揭棚膜

冬天不揭棚膜，遇大雪易压塌大棚架。如安徽合肥2018年1月上旬、1月下旬2次大雪，没有在2017年12月份揭除棚膜的园，其中400多亩大棚架被压塌。

6.气象灾害常有发生

主要是雪害压塌大棚架和压断葡萄架柱；冻害使已萌芽的园焦芽和新梢冻死；热害影响花芽分化和花芽补充分化；风害刮垮大棚架等。

三、掌握好封膜期、覆内膜期及揭内膜期、围膜期和顶膜期

1.单膜栽培封膜期

在防好冻害、雪害前提下，当地露地栽培萌芽期前50～60天为适宜封膜期。

各产区单膜栽培适宜封膜期：

地　区	适宜封膜期
浙江湖州、安徽南部	1月下旬
浙江嘉兴、杭州西部	1月中旬
浙江宁波、绍兴、舟山、杭州东部、金华西部	1月上旬
浙江台州、温州、丽水、衢州、金华东部	12月下旬
上海、江苏南部、安徽中部	2月上旬
江苏北部、安徽北部	2月中旬
湖北公安	1月中旬
云南建水、元谋	11月中旬

2.双膜栽培封外膜期

在防好冻害、雪害前提下，为当地露地栽培萌芽期前70～80天。内膜覆膜期为外膜封膜后7～10天。

各产区双膜栽培最早外膜封膜期：

地　区	最早外膜封膜期
浙江湖州、安徽中部	外膜1月10日前后
浙江嘉兴、杭州西部、安徽南部	外膜12月底至翌年1月初
浙江宁波、绍兴、舟山、杭州东部、金华西部	外膜12月下旬
浙江台州、温州、金华东部、丽水、衢州	外膜12月中旬
上海、江苏南部、安徽北部	外膜1月中旬

3.双膜栽培覆内膜期

外膜封好后，涂好催眠剂、施好催芽肥后覆内膜。

4.双膜栽培揭内膜期

多数新梢已顶到棚膜可揭内膜，转为单膜栽培。

5.揭围膜期

当地气温稳定在15℃以上可揭围膜转为避雨栽培。

6.揭棚膜期

国庆过后可揭棚膜。要年年揭去棚膜，避免冬季下大雪压垮大棚。

四、大棚栽培雪害发生与防止

浙江大棚栽培覆膜期南部在12月份，北部在12月底至翌年1月初。如棚膜积雪超过大棚架承受能力就会压塌大棚，有时连葡萄架柱一同压断，损失惨重。

浙江雪害比较重的有2008年、2010年、2011年、2013年、2016年、2018年，每次都压塌一些大棚架、压断一些葡萄架柱。

为防止发生雪害，大棚膜在国庆后至11月揭除，不宜一直覆盖。浙江2018年1月多个大棚被大雪压塌，很多是冬季不揭棚膜造成的。揭棚膜时将防鸟网一起揭除。

雪　害

如12月没有揭去棚膜，葡萄没有萌芽前，当地气象预报要下大、暴雪，大棚架不牢固的园，要抢在下大、暴雪前揭去棚膜，或加固大棚架，及时扫雪保棚。

五、大棚栽培冻害发生与防止

棚温0℃不会发生冻害，−1℃会发生冻害，−2℃发生严重冻害。浙江大棚葡萄2009年、2010年、2016年3次受寒潮袭击，已萌芽和新梢生长的园，防冻措施不到位就发生了焦芽和新梢冻死的情况，损失较大。

焦　芽

新梢冻死

已萌芽的园，单膜栽培当地气温降至-2℃，棚内温度可能降至0℃以下会发生冻害；双膜栽培当地气温降至-4℃，棚内温度可能降至0℃以下会发生冻害。生产上应在预报冻害发生前采取措施防冻害。

（1）预报冻害发生前全面检查大棚，压好棚膜，堵好漏气缝，提高保温性。

（2）不覆地膜，揭移地膜。防冻实践表明，低温防冻期棚内覆地膜，减少了土壤水分蒸发，棚内温度覆地膜的比不覆地膜的要降低1℃。因此，已覆地膜的园，在寒潮前将地膜揭移至中间，以增加棚内水气，可减轻冻害。

（3）冻害前加覆棚膜，使单膜变双膜、双膜变三膜，增加一道膜能提高抗冻能力2℃。

简易棚保温栽培

（4）冻害前一天畦沟灌满水，以水保温，能提高棚温2℃。第2天上午9时后排掉水。

（5）傍晚在棚内点燃木屑、较湿稻草进行熏烟，可提高棚温防冻害；或进行棚内加温防止冻害发生。

六、大棚栽培调控棚温、防热害

封膜后晴天棚温上升很快，2～3月晴天棚温1小时可上升10℃，因此要注意棚温调控。每年都有不少园发生高温热害。

大棚栽培高温热害主要导致花芽退化和影响花芽分化。

（1）导致花芽退化时期是封膜后至开花前。这段时间是花芽继续分化期，遇35℃以上棚温时间较长，已分化好的花芽变成带卷须的小花序；遇40℃以上棚温时间较长，已分化好的花芽退化成卷须。

（2）影响花芽分化时期是开始开花至后2个月。遇35℃以上棚温时间较长，影响花芽分化成为小花序；遇40℃以上棚温时间较长，花芽不分化。

封膜后至揭除围膜这100多天时间内都要进行棚温调控，特别要重视萌芽前棚温调控。

晴天、多云天要进行棚温调控，阴天、雨天不必调控棚温。

阳光玫瑰葡萄棚室栽培最高棚温控制在30℃，上午当棚温达到28℃就要开始揭高棚膜进行调温。下午棚温开始下降，就要逐步放下棚膜，减缓棚温下降速度。上午、下午都要调温数次，延长26～30℃时间段，以利于提早开花、提早成熟。

棚温调控推广电动控膜（揭放膜）调温，每亩成本1 000元左右，或手机智能调控温度，每亩成本3 000元左右。

电动控膜（揭放膜）调温

七、大棚栽培风害发生与防止

风害主要指台风（热带风暴）侵袭，其次是龙卷风和异常狂风。2004—2020年，对浙江葡萄危害较大的台风有6次。

1.风害对大棚葡萄的危害

（1）刮塌大棚架，刮破棚膜，刮断葡萄架柱。

（2）刮破果实，导致烂果。

（3）刮破、刮落叶片，影响秋季树体营养积累，影响花芽继续分化。

（4）台风导致强降雨，园地淹水导致死树或根系受损。

2019年利奇马台风对大棚葡萄造成的危害

2.减轻台风对大棚栽培葡萄危害的主要措施

（1）采用大棚三膜、双膜、单膜栽培，提早成熟，可减少台风对果实的危害。易受台风危害的浙江温州、台州、宁波、舟山地区，葡萄采用三膜、双膜、单膜提早栽培，力争于台风主要侵入期的8月以前上市完成葡萄销售，可大大减轻台风对葡萄果实的危害。

（2）揭膜保棚或移膜保棚。葡萄栽培区预报有8级以上的大风要侵袭，应在侵袭前揭膜保棚或移膜保棚，可减轻台风对大棚架、大棚膜、葡萄架柱的危害。

八、大棚促早熟栽培主干环剥能提早成熟

阳光玫瑰葡萄果实进入第2膨大期进行主干环剥能提早成熟10～15天。但此项技术尚未引起种植者的重视，原因是绿色品种看不到提早着色及着色整齐的效果。

1.主干环剥时期

阳光玫瑰葡萄开花60～70天为主干环剥适期。过早、过晚环剥均影响促早熟效果。

开花62天主干环剥

2.环剥口宽度

一般为主干径粗的1/8～1/5。小树剥口宽0.5厘米，大树剥口宽可

为1～1.5厘米。不能剥得太宽，否则会死树。

3.环剥深度

刀口切至木质部，剥掉2层皮。不能切伤木质部，否则要死树。但仅剥外部一层老皮无效。

4.环剥方法

用锋利的刀环切2圈，将2层皮全部剥掉即可。不能留残皮，否则影响促早熟效果。

5.环剥后浇一次水

环剥好后浇一次水，促使环剥口在20天左右愈合。可与浇施钾肥结合进行。

6.环剥口用薄膜封好

虫害较多的园环剥口要用薄膜封好，否则害虫会咬伤环剥口而导致死树。虫害较轻的园环剥口可不用薄膜封好。

主干环剥伤木质部导致死树

第 5 章
建好园，施好种植肥，种好苗

一、老园改种不影响当年生长

老园改种

浙江嘉兴、台州2020年冬季所建阳光玫瑰葡萄园，多数是红地球、巨峰等品种园翻种，即老园改种。但只要认真建好园，施好种植肥，种好苗，管好当年树，下一年即可丰产和带来较高产值。与新建园没有大的差别。

浙江海盐县农业科学研究所实验园1990年开始建园种葡萄，至2012年开始种阳光玫瑰葡萄，一个园23年间已调整过4次品种，当年树同样长好，第2年同样丰产，产生较高效益。

二、建好园的重要性

（1）苗木没有选购好，质量不佳，定植前没有保存好，定植后苗木生长不均匀，会出现僵苗。

（2）建园时架式定位不当，结果部位偏高或偏低，影响精品栽培与工效。

（3）建园时没有整好园地，没有施好栽植肥，没有种好苗，均影响全园苗均衡生长。

（4）调查新建园每年有20%左右的苗没有长好，没有建好园、施好栽植肥、种好苗是原因之一。

三、建园存在的主要问题

（1）套种在老树中严重影响生长。有两种间种方式：一种是隔株翻了老树种植，二是两行老树中间种一行阳光玫瑰葡萄。间种园会严重影响阳光玫瑰葡萄苗的生长，下一年花少，产量低。

当年套种的阳光玫瑰葡萄生长不好（秋季生长状）

（2）挂果树嫁接。如对老树进行嫁接改种，全园生长不一致，影响下一年花量。

（3）早熟品种上市后移种营养苗。营养苗多数成为秋发树，下一年花少。

（4）4年以上树龄大树移种。移种当年不能挂果，不如购苗建园。

（5）购苗质量有问题。一般购种北方贮藏期根系失水的苗，会导致僵苗，下一年花少，产量低。

（6）苗没有保存好。苗木假植期间根部过干、过湿，根系受损，会导致僵苗。

（7）多雨地区烂田建园。调查到浙江海宁丁桥一块50亩新园，2018年冬遇多雨天气建园，施有机肥翻土，土块较大，冬天土没有冻松。2019年春勉强种上苗，虽然管理较认真，但树长得慢，叶片小。2020年花较多，根系仍不好，叶片小，果实大不起来，每千克果售价20元，亩产值仅1.5万多元。同一年老园改种，由于有棚膜覆盖，园土不烂，管理到位，苗能长好。

（8）园地不平，过高、过低部位，易出现僵苗。

（9）畦沟、排水沟太浅，根系没有长好，影响新梢生长。

（10）不施或少施建园有机肥。有的种植者认为老园肥料较多，就采取不施或少施有机肥料。2020年调查到浙江嘉兴南湖区2块当年改种的园，一块亩施有机肥2吨，树长得快，长得好；一块认为老园改种不必施有机肥，树长得慢，长得不好。非常明显。

（11）葡萄架结果部位偏低或偏高。结果部位1.3米以下偏低的葡萄架，或结果部位1.7米以上偏高的葡萄架，改种时如不改架，影响精品栽培。待到挂果后发现有问题再改架，就增加了难度，要多花很多用工。

（12）种植株数太多。葡萄园密植观念根深蒂固，4米种3株，5米种4株，亩栽150株以上，影响主干增粗。挂果一年要间伐，增加用工量。

实验园间伐后株距12米，亩留20株

（13）葡萄苗不整修、不选择分类，较粗的苗和较细的苗混种，导致当年苗生长不均匀。

（14）苗种得太深。调查发现，苗种得深，将嫁接口种入土中，影响前期生长，会长成秋发树，下一年花少，还影响以后生长。

种植过深

四、建园五定位

1.苗木定位

选用长势旺、抗性好的5BB等砧木的一级、二级苗。根据各地经验,也可选用当地表现较好砧木的嫁接苗。

苗木质量要好,纯度高达98%以上,接穗径粗0.5厘米或以上,根系较发达,有效芽3个或以上。

关于葡萄脱毒苗问题:笔者接到四川、江苏、安徽、浙江等地多位葡萄朋友电话,咨询市场上正在推广贝达砧脱毒苗一事。笔者的回答是:目前国内没有这种脱毒苗。

5BB砧木嫁接苗

5BB砧当年建园生长状

2.架式定位

(1)选用结果部位1.5米左右的V形水平架。

V形水平架

(2) 老园改种，结果部位偏高、偏低的园要改架。

①结果部位1.3米以下的园，要调高结果部位。结果部位1.3米以下，叶幕不能遮住果，果实日灼较重，成熟果实有阴阳面。应将结果部位调整到1.4米左右。

改架方法：将底层拉丝（布结果母枝拉丝）抬高至1.3～1.4米即可。

注意 要在架柱两边各布1条拉丝，不宜仅布1条拉丝。

葡萄架抬高

②结果部位1.7米的园，要调低结果部位。南方不少地区阳光玫瑰葡萄采用水平棚架栽培，多数地区水平棚架架面1.7米。阳光玫瑰葡萄花穗精管1亩园用工10个左右，在那么高的架面进行整花序、整果穗、疏果粒，干活很吃力，工效低，影响整花序、整果穗、疏果粒质量。

应将结果部位调低至1.5米左右。

架面1.7米的水平棚架干活吃力

改架方法：在架柱1.4～1.5米处（即1.7米架面下20～30厘米处），两边各拉一条拉丝（ 注意 不能只在一边拉1条拉丝），将结果母枝安排在拉丝上，结果部位相应降低。

③H型水平架要改成H型V形水平架。浙江海盐农业科学研究所实验园H型水平架，在阳光玫瑰葡萄建园时就改成V形水平架。畦面宽5.5米，中间种一行葡萄，株距2米，水平

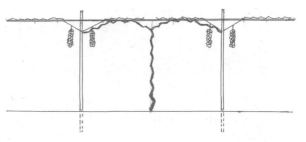

H型V形水平架模式图

架面离畦面1.7米。在水平架面下20厘米架柱两边各缚1条拉丝，形成V形叶幕。

实验园H型V形水平架，当年种植冬剪结果母枝弯缚后情况

实验园H型V形水平架夏季生长状

3.行株距和种植株数定位

（1）新建园行距2.7 ～ 3米，株距2 ～ 4米，亩栽50 ～ 120株。原株距3米及以下，挂果1 ～ 2年可隔株间伐。

（2）老园改种，行距2.5米及以上可不改变行距，2.5米以下要将行距放宽至3米。

（3）不宜采用单臂篱架。单臂篱架果实日灼重，影响果粒膨大，种不出果粒均重14 ～ 16克的精品果。

（4）8米宽的蔬菜大棚改种阳光玫瑰葡萄，应种2行，不宜种3行。种2行不会影响产量，并有利于调控棚温。

8米宽的棚种2行阳光玫瑰葡萄

8米宽大棚目前多数种3行葡萄，行距2.7米，中间行棚温较难调控，易发生热害，影响花芽分化和花芽继续分化。已调查到种3行葡萄导致中间行发生热害的园。

8米宽的大棚，种3行与种2行的叶片数计算：

种3行：1亩园葡萄行长（667米^2÷8米×3）约250米，梢距按20厘米定，每亩新梢2 500条，每条新梢按12张叶片计（只能12张叶片，否则有重叠），共3万张叶片。

种2行：行距4米，1亩园葡萄行长（667米^2÷8米×2）约167米，梢距按20厘米定，每亩新梢1 660条，每条新梢按18张叶片计，共3万张叶片。

叶片数相同，基部3张较小的叶片2行葡萄5 000张，比3行葡萄7 500张减少1/3，全园叶面积种2行比种3行略多。

阳光玫瑰葡萄种出精品果，每千克果实要有20张以上较大的叶片提供光合营养，这两种行距栽培均可生产1 500千克产量。4米行距的叶片质量比2.7米行距的叶片质量要好，利于种出精品果。

8米宽的大棚，笔者的经验是只宜种2行阳光玫瑰葡萄，不宜种3行阳光玫瑰葡萄。

4.整好园地，施好种植肥定位

（1）老园改种将老树粗根挖出。

（2）园地不够平整的老园，种植前要认真平整园地，如园地不平整，高的部位和低的部位容易出现僵苗和僵果，影响效益。

坡度不大的丘陵地整平种葡萄（江西新余）

实验园畦面平整

（3）老园改种一定要增施有机肥料2～3吨/亩。有机肥料必须腐熟，翻入土中。

（4）种植垄可高于畦面10厘米。

（5）进水沟和排水沟配套。葡萄园要做到可灌可排，南方要畦沟、排水沟、出水沟配套，即"三沟"配套。2行葡萄园（行距2.5～3米），畦沟深20厘米以上，与深30厘米排水沟、深40厘米的出水沟配套，排水畅通。

暗渠排水

垄式栽培及排水沟

实验园"三沟"配套

5.种好苗定位

（1）整理苗木。根系太长部位剪掉，接穗留3个有效芽，多的芽剪掉。

（2）苗木消毒。种植前将苗木的枝蔓部位放在3～5波美度的石灰硫黄合剂中浸一下消毒，杀灭病菌和介壳虫。根部不能浸。

（3）较粗的苗与较细的苗（包括根系不好的苗）分好后分别种植、分别管理，较弱的苗（包括根系不好的苗）增加施肥次数，每次施肥量不能增加，使全园苗均衡生长。

（4）浅种。不能深种，以保证嫁接苗嫁接口在种植垄面5厘米以上。

（5）种好苗后种植垄覆1米宽黑色膜，保水、压草。

浅 种

铺黑色地膜

五、建园五个不

（1）不能在不挂果老树上进行高枝嫁接。
（2）不能在挂果树部分挂果时，利用嫩梢进行嫁接。
（3）不能在早熟品种葡萄上市销售后才进行种植。
（4）不能选用树龄4年以上大树进行移植。
（5）不能在挂果树中间进行套种。

第6章

管好当年种植园

一、管好当年种植园的重要性

1.产量和亩产值存在很大差距

调查浙江嘉兴2017—2020年阳光玫瑰葡萄第一年挂果园，亩产量在150～1 750千克之间，相差近12倍；亩产值3 000～62 000元，相差20多倍。造成如此大差距的主要原因：建园上和当年管理上相差很大。说明建好园，管好当年树很重要。

当年管理较好的小苗

第一年挂果树

第一年挂果树花芽分化较好

2. 第一年挂果园可达到较高产量和较高产值

调查浙江嘉兴2019—2020年第一年挂果园，发现亩产量1 500千克、亩产值4万元以上的园不少。

（1）浙江海盐农业科学研究所葡萄实验园2年实践　2012年种植阳光玫瑰葡萄，2013年每亩有4 300多个花序，控产栽培亩产量1 480千克。2017年又新种一块园，当年树均长得较好，下一年每亩有3 800个花序，控产栽培，2018年亩产量1 250千克。

（2）浙江海盐望海街道周惠中　2018年种植40亩阳光玫瑰葡萄，2019年亩产量1 650千克，亩产值5.5万元。2019年种植50亩，2020年亩产量1 300千克，亩产值4万元。

（3）浙江海盐通元镇常泉林　2019年种植20亩阳光玫瑰葡萄，2020年亩产量1 250千克，亩产值4万元。

（4）浙江海盐沈荡镇新丰村胡富黄　2017年种植18亩阳光玫瑰葡萄，2018年亩产量1 150千克，亩产值4.55万元。

（5）浙江海盐沈荡镇新丰村胡富金　2017年种植9亩阳光玫瑰葡萄，2018年亩产量1 050千克，亩产值4万元。2018年新种16亩，2019年亩产量1 250千克，亩产值5万元。

（6）浙江海盐望海街道钱国军　2018年种植11亩阳光玫瑰葡萄，2019年亩产量1 640千克，亩产值5.9万元。2019年种植9亩，2020年亩产量1 350千克，亩产值4.78万元。

钱国军葡萄园

（7）浙江嘉兴秀州区王店镇郑坚　2019年种植23亩阳光玫瑰葡萄，2020年亩产量1 650千克，亩产值6万元。

二、当年种植园管理存在的主要问题

当年种植园管理不到位，葡萄树没有长好的园还较普遍，一个园中部分树没有长好的较多。

1.不覆棚膜露地栽培

露地栽培易发生霜霉病、黑痘病，发病株下一年花很少。

当年种植园早秋叶片
发生霜霉病

嫩梢、幼叶发生黑痘病

2.种好苗后种植垄不覆盖黑色地膜

畦土易干干湿湿，畦面易长草，影响苗木生长和下一年花量。

3.肥水促长不到位

施肥次数偏少，氮素肥料施用量不够，水分不足，导致营养不良，前期生长较慢成为秋发树，下一年花少。调查到浙江海盐百步镇一块2019年老园改种的48亩园，种植当年7月以前没有施过肥料，7月15日考察这块园，严重营养不良，主干细、叶片小，以后虽连续施肥，但为时已晚，冬剪时再考察这块园，主干径粗仅1厘米。2020年春第3次考察这块园，花不多，叶片小，果粒不大。每千克果售价20元，亩产值仅1.58万元。

4.施肥不当导致肥害

阳光玫瑰葡萄需要较多的肥料，如果施肥不当会导致肥害，严重影响生长。施肥不当导致肥害的情况：

阳光玫瑰葡萄当年种植园发生肥害导致僵苗

（1）种植前在种植垄上施用没有腐熟的有机肥料，易导致苗发出的新根受到伤害。

（2）种植前在种植垄上超量施用磷肥、复合肥，致使苗发出的新根碰到磷肥、复合肥后易受到伤害。

（3）新种苗发出新梢没有见卷须就施肥，很容易导致肥害。

（4）前期施的肥料浓度偏高易导致肥害。

5.供水不足

阳光玫瑰葡萄需水较多，供水不足影响生长，影响下一年花量。

6.间套种作物

间套种作物严重影响苗的生长。2019年调查到浙江海盐改种的2块园，分别为56亩与66亩。56亩这块园套种大豆15亩，66亩这块园套种马铃薯10亩，套种园当年阳光玫瑰葡萄生长明显不良，下一年花量减少一半。

套种马铃薯的葡萄园

7.杂草丛生

葡萄园杂草丛生严重影响苗的生长，下一年花少，产量低。

8.主干留较多副梢

主干留较多副梢影响结果母枝生长。2020年12月考察浙江桐乡一块示范园，此示范园2020年种植，采用2主蔓水平弯缚在拉丝上，利用副梢结果。

考察时发现1.5米高的主干上节节留副梢不摘心任其生长，主干上留副梢11～15条，副梢节数从下至上渐增，5～13节，一株树主干上所留副梢节数80个左右，叶片80张左右。考察时同时发现上部下一年计划挂果的副梢径粗0.5厘米以下，这些副梢如2芽冬剪作为结果母枝，下一年基本没有花序。原因是前期、中期大量营养主要供应了主干上10多条副梢的生长，严重影响上部副梢生长。

主干上为什么节节留副梢？据说理由是促主干增粗。

当年种植树管理目标是促树长旺，使计划结果的副梢长好，达到3叶、2叶摘心4次的生长量，副梢径粗0.6厘米以上，每条副梢2芽冬剪都有花序，亩产量达到1 000～1 500千克。因此，要及时抹去主干上副梢，一条副梢不留。只要主蔓副梢长好、长粗，主干相应会增粗。

主干节节留副梢，培育10多条副梢的栽培管理理念，是主次不分的理念，放弃了促上部副梢生长，是不科学的栽培理念，不能应用于生产实际。

9.葡萄上市期放松当年种植园管理，肥水不足影响生长

浙江海盐通元镇2019年红地球葡萄改种的一块20亩园，2019年6月考察这块园，管理较认真，树长得较理想。9月再次考察这块园，树长得不理想。问其原因，8月至9月上旬正是红地球葡萄上市期，因此忽略了对新种阳光玫瑰葡萄的施肥浇水，严重影响了其生长。

10.分类培育不到位

全园树出现生长不一致时要采取分类培育管理，要促生长较弱的树较快长上。如分类培育不到位，部分树没长好，下一年花少。每年都有三类苗占较多比例的园，其花量与产量受影响。

11.4 主蔓培育

4主蔓培育，主蔓长放影响花芽分化，下一年花少，产量低。

12. 排水沟太浅，影响根系生长

2018年调查到浙江海盐于城镇一块28亩当年种植的园，畦沟深仅10厘米，排水沟深仅15厘米，树长不好，冬剪时主干径粗仅1厘米，利用副梢结果，副梢径粗0.4厘米以下无法利用。2019年每亩花量不到1 000个花序，叶片小，果粒小，亩产值仅1.2万元。

排水沟浅引起的伤根焦叶

上述12种表现只要存在一种就影响下一年花量、产量，影响果实质量，影响售价与产值。

三、当年种植园管理

1.管理目标

（南方）长好树，下一年有较多的花，亩产量超1 000千克。

2.当年管理5个不能做

凡影响苗生长的老习惯、老观念、老办法必须改变。主要有五条。

（1）不能露地栽培，要覆膜栽培　否则易发生黑痘病、霜霉病，影响下一年花量与产量。

（2）不能套种任何作物，包括大豆　否则会严重影响生长，影响下一年花量与产量。

（3）不能养草　否则会严重影响生长，影响下一年花量与产量。

当年种植园及时除草，阳光玫瑰葡萄生长较好

（4）**主干不能留副梢** 否则严重影响主蔓（下一年结果母枝）生长，影响下一年花量与产量。

浙江嘉兴主干留副梢培育的园较多，是技术上的误导。主干上节节留副梢，前、中期树体生长大量营养消耗在不产生经济效益的副梢上，影响产生经济效益的结果母枝生长，明显减少下一年花量与产量。

（5）**一次施肥不能超量** 否则会导致肥害，严重影响生长，减少下一年花量与产量。

3.施用氮素肥料为主，肥水促长

见卷须后施肥，10天左右施一次肥，推广全期施用尿素，一般浙江至8月底共施8 ~ 10次肥。施肥与浇水结合，全生长期园土保持湿润，不能干燥。施肥浓度先淡后逐渐加浓。

肥水促长到秋季应达到的生长量：

（1）2主蔓水平弯缚在底层拉丝上，利用副梢结果的培育方式达到的生长量：3叶+3叶+3叶+3叶（或3叶+2叶+2叶+2叶）摘心4次，下一年有1 500千克产量的花量。如果仅摘心3次，下一年只有1 000千克左右产量的花量。如果仅摘心2次或1次，则无法利用副梢结果。若用弯缚在底层拉丝上主蔓的冬芽发出新梢结果，下一年只有500千克左右产量的花量。

（2）单主干4主蔓培育园达到的生长量。

①4主蔓形成后，各条主蔓按6叶剪梢+6叶剪梢+6叶剪梢，达到这个生长量，下一年花很多，有亩产1 500千克以上产量的花量。

②主蔓数与花量的关系，行距2.7 ~ 3米，1条主蔓有500千克产量的花量，4条主蔓有2 000千克产量的花量，3条主蔓有1 500千克产量的花量，2条主蔓有1 000千克产量的花量。

北方单主蔓培育，最多只有500千克产量的花量。

4.重视分类培育

（1）**当年种植园** 阳光玫瑰葡萄当年种植园生长不均衡现象普遍存在，生长快的树与生长慢的树相差较大。有的园生长慢的树占10% ~ 20%，甚至30%。生长慢的树不采取措施，下一年花少甚至无花，影响全园的花量与产量。

（2）2主蔓水平弯缚利用副梢结果的园　主干生长期生长得快、慢就已明显表现。生长慢的树增加施肥次数，7天左右施一次肥，生长较快的树10天左右施一次肥，使生长较慢的树逐步赶上生长较快的树。

注意　生长较慢的树每次施肥量不宜增加，避免发生肥害而影响生长。

（3）4主蔓培育的园　2主蔓开始形成，就会显现出生长快的树、生长中等的树、生长较慢的树三种类型，个别树新梢长到20厘米左右不再生长，这种苗称为僵苗。

对长得快、中、慢三种类型的树分类培育措施：通过施肥和培育主蔓数来调节。

①长得快的树可15天左右施一次肥，按4主蔓培育。

②长得中等的树10天左右施一次肥，基本按4主蔓培育，生长过程发现长得还比较慢可调整为3主蔓培育。

③长得慢的树7天左右施一次肥。（注意　每次施肥量不能增加）主蔓数调整为2主蔓培育，生长过程长得还较慢，可调整为单主蔓培育。

上述三种类型的树，在主蔓形成后，要对主蔓进行6叶剪梢（摘心）+6叶剪梢（摘心）+6叶剪梢（摘心）管理，促使花芽分化。

注意　主蔓不能长放，否则影响主蔓下部花芽分化。

僵苗的管理：没有发出卷须前不能施肥，只浇水保持生长。待发出卷须开始施肥，但浓度不能高，并进行单主蔓培育，长到底层拉丝可摘一次心。

四、北方第2年亩产量1 000千克以上花量的培育

笔者指导过2块北方葡萄园，培育出第2年亩产量1 000千克以上的花量。其中一块为阳光玫瑰葡萄园。

陕西宝鸡廖洛其种葡萄20多年，有丰富的经验。2017年12月参加浙江海盐农业科学研究所举办的全国葡萄培训班，2018年投资30多万元建高标准钢管大棚11亩，种阳光玫瑰葡萄，按笔者的栽培理念建园和管理。行距3米，株距2米，V形水平架，架柱上离地面1.5米处缚2条拉丝，2主蔓水平绑缚在底层拉丝上，利用副梢结果。当年覆棚膜栽培，种植垄覆1米宽黑膜至秋季保水，1个月施肥2次、浇大水2次，大水、肥水结合促长。

2018年11月笔者到陕西西安授课时考察了他的园，大棚建得标准，树长得很好，利用副梢结果，新梢3叶摘心4次以上，均长至1米多长，与海盐管理好的园不相上下。根据生长情况，笔者建议他改结果母枝拉丝1条为2条，下一年花量可增加1倍。这个园2019年每亩花序3 000多个，达到浙江管理好的园花量。果穗精管也较到位，每千克果售价50元。2020年（第2年）挂果的11亩，亩产量1 250千克以上，每千克果平均售价32元，亩产值超4万元。

五、当年种植园冬剪

1.当年种植园冬剪的特殊性

（1）结果母枝径粗不同冬剪方式也不同

结果母枝径粗与花芽分化的关系：

结果母枝径粗0.6～0.9厘米的冬芽花芽分化好。

结果母枝径粗0.5厘米以下的冬芽基本没有花序。

结果母枝径粗超过1厘米部位花芽分化不好。

（2）当年种植园不同培育方法冬剪方式不一样

南方当年种植园目前采用2种培育方式：

①2主蔓水平弯缚利用副梢结果。

②4主蔓向上斜向培育利用主蔓结果。

这两种培育方式冬剪不一样，要根据不同的培育方式和新梢的粗度，因园制宜进行冬剪。

2.2主蔓水平弯缚利用副梢结果的冬剪

（1）冬剪存在的主要问题　由于阳光玫瑰葡萄节间较长，长势旺的园节间超过20厘米较多，副梢间距超过20厘米也较多，均采用2芽冬剪，全园副梢数达不到2 200（行距3米）～2 500条（行距2.5米）的标准。副梢间距有大有小，下一年无法按20厘米等间距定梢，使下一年花量不够，影响产量。副梢径粗没有达到0.6厘米的较多，是导致产量较低的主要原因。

利用主蔓作为结果母枝，径粗超过1厘米的超粗部位，下一年发出的新梢偏粗会自行脱落，这种现象称为脱梢。

脱　梢

（2）根据副梢径粗进行冬剪

①副梢径粗均0.6厘米以上的园，可采用"2短+1长"的方式冬剪。2短即2条梢采用2芽冬剪，1长即1条梢采用5芽或6芽冬剪好弯缚，增加下一年的新梢量，使下一年的花序量达到3 000多个，能达到1 500千克产量的挂果量。

注意　不宜均采用2芽冬剪，否则副梢间距超过20厘米的部位形成空当，影响下一年的花量与产量。

②副梢径粗0.6厘米、0.5厘米、0.4厘米均有的园和树，要根据副梢粗度进行修剪。

（a）一株树上副梢径粗0.4厘米及以下的枝蔓剪去，其余枝蔓采取"2短+1长"方式修剪，短即2芽修剪，长即5 ～ 6芽修剪后弯缚。

注意　径粗0.4厘米及以下的枝蔓剪去后，要将旁边6芽冬剪的枝蔓弯缚到这个部位上，否则这个部位出现空当，下一年花量与产量将会减少。

（b）副梢径粗均0.5厘米及以上的树，可采用"2短+1长"方式进行修剪。

注意　冬剪后不能出现超过20厘米的空当，否则影响下一年的花量与产量。

③副梢径粗均0.4厘米以下的园和树，要剪掉全部副梢，将弯缚在底层拉丝上的主蔓作为结果母枝，由下一年冬芽发出新梢上的花序结果。这种园花序不多，亩产量仅500千克左右。

3.4主蔓向上斜向培育园的冬剪

只有1条拉丝的园要加1条拉丝，成为2条拉丝。

（1）冬剪存在的主要问题

①结果母枝正向弯缚，导致植株中间会出现空当，花量减少。

正向弯缚

②结果母枝径粗超过1厘米部位均弯缚在底层拉丝上，作为结果母枝利用，会导致下一年花序少，下一年发出的新梢偏粗会自行脱落。

③相邻两株树弯缚结果母枝交叉处，枝蔓重叠较多，会增加下一年抹梢用工，并消耗树体营养。

④4芽冬剪，如枝蔓不能弯缚，下一年萌芽发出新梢仍要剪掉上部2个节的枝，增加用工量。

⑤单芽（底芽）冬剪不宜采用。调查到一些单芽冬剪的园，多数花量不够。

（2）**按每株树结果母枝条数和粗度冬剪**

①每株树4条主蔓生长均达到粗度的园

（a）主蔓径粗1厘米以下的树。先按径粗0.6厘米剪掉上部梢，4条主蔓均反向弯缚，相邻2株树弯缚好新梢后，中间留10厘米空当剪去前部的梢。

反向弯缚

　　(b) 主蔓径粗1厘米以下与1厘米以上的混合树，先按径粗0.6厘米剪掉上部梢，4条主蔓均反向弯缚。将下部梢径粗超过1厘米以上的梢加大弯缚弧度，将超过1厘米部位弯到底层拉丝下，下一年不挂果。安排在拉丝部位的结果母枝径粗均在1厘米以下，下一年发出的冬芽多数有花序。

②1株树4条、3条、2条、1条主蔓均有的园，或有其中二类、三类梢的园

（a）各条主蔓先按径粗0.6厘米修剪。将主蔓径粗1厘米以下的梢均反向弯缚在底层拉丝上，架面上要均匀安排，尽量减少空当。

（b）将下部径粗超过1厘米以上的枝蔓，加大弯缚弧度，使主蔓超过1厘米部位弯到底层拉丝下，下一年不挂果。径粗1厘米以下的中、上部梢弯缚在底层拉丝上，作为结果母枝。

（c）全株新梢径粗均不到0.5厘米的树，离地面0.5米处修剪，下一年再4主蔓培育。

枝蔓径粗超过1厘米，加大弯缚弧度

第7章
以6叶剪梢为主要技术的蔓叶数字化管理

一、蔓叶管理的重要性

1.关系到当年产量和果实质量

葡萄植株的营养来源：栽培者施用的肥料提供给根、蔓、叶、果实生长所必需营养；叶片光合作用产生的营养，提供给葡萄树体的营养，特别是较多提供给果实膨大的营养。据研究，叶片光合作用产生的营养占葡萄营养的70%左右。叶片较多，叶片大，叶片厚，颜色深，光合营养多，树体长得好，稳产、适产栽培果粒较大，果实质量好；叶片少，叶片小，叶片薄，颜色浅，光合营养少，树体长不好，果粒小，果实质量差。

葡萄植株的营养来源

2.关系到花芽分化和下一年产量

（1）第1次摘心部位关系花芽分化　6叶摘心，基部、中部冬芽营养积累多，花芽分化好；10叶以上摘心，基部、中部冬芽营养积累少，花芽分化不好。

（2）新梢粗度关系基部节位花芽分化　结果母枝径粗1厘米以下，基部节位冬芽花芽分化好；结果母枝径粗1厘米以上，基部节位冬芽花芽分化不好。

（3）秋季叶片保护得好与否关系到花芽的继续分化　秋季叶片保护得好，花芽继续分化好；秋季叶片保护得不好，会导致花芽退化。

3.关系到新梢是否会自行脱落

结果母枝径粗1厘米以下冬芽发出新梢不会自行脱落；结果母枝径粗1厘米以上冬芽发出新梢会自行脱落，影响产量。

4.关系到蔓叶管理用工量

规范数字化管理，合理定梢量，3次按时摘心，不留副梢栽培，及时控好顶端新梢和秋梢，2芽冬剪，蔓叶管理用工量较少。

二、蔓叶管理存在的主要问题

1.破眠剂使用不当造成药害焦芽

2021年发现浙江三门、天台有的园单氰胺涂冬芽造成药害烧芽。其原因：涂2次，涂芽时不供水，或供水量偏少。

2.2芽冬剪园抹芽

不少种植者按老习惯，2芽冬剪园葡萄萌芽后

单氰胺造成的烧芽

及时抹芽，其实没有必要。1个冬芽发出2个芽，可能都有花序，2个都保留，如花量不够，2个花序都留下，如花量较多再抹去一个梢，留有余地。而阳光玫瑰葡萄2芽冬剪园应不抹芽，只抹梢。

3.定梢期偏晚

有的园多数新梢已长到8叶还未定梢，较多的梢挤在一起，影响新梢生长，影响花序发育，并消耗较多树体营养，会诱发花序灰霉病。

4.定梢量偏少

调查到不少园V形架梢距超过20厘米，有的达到25厘米，亩定梢量2 000条以下，影响花量与产量，而且枝蔓易超粗。

5.叶片偏小，皱缩叶较多

这种园每年均较多，树势不旺，果粒大小不均或偏小。主要原因有机肥施用偏少，前期氮素营养不足。

树势弱引起的大小粒

6.新梢自行脱落

2017年浙江桐乡一块阳光玫瑰葡萄园，新梢长到20多厘米，刮稍大的风就自行脱落，后来观察发现多数地区均存在新梢自行脱落现象。主要原因：结果母枝径粗超过1厘米的超粗枝，冬芽发出新梢也较粗，这种新梢容易自行脱落。

7.新梢长放

有的园将种植其他品种的蔓叶管理经验用到阳光玫瑰葡萄上，开始开花时12张左右叶片摘心。以这种长放枝作为结果母枝，下一年花量偏少，产量偏低。

8.顶端梢未及时抹除

经过3次摘心叶片数达到12（行距2.5米）～ 15片（行距3米）的园，顶端发出嫩梢没有按7天左右及时摘心，任其生长，此时正值果实膨大期，是果、梢争夺养分的重要时期，大量养分消耗在蔓叶生长上，影响果实膨大。

9.副梢留得太多，副梢叶片留得太多

亩产量掌握在1 500千克左右适产栽培园，可以不留副梢省工栽培。有的产量偏高葡萄园，花穗以上留副梢1叶绝后摘心也可以。可是不少园从基部就开始留副梢，不是1叶绝后摘心，而是留2叶，甚至留3叶也不绝后摘心，副梢上还会发出嫩梢，导致叶幕通风透光差，花穗易发生灰霉病，还要费较多劳力处理副梢，不划算。

10.没有保护好叶片

有的大棚栽培园前期、中期热害青枯焦叶；有的园肥害导致叶片较早黄化；有的园遇秋旱天气没有及时供水，叶片提早黄化落叶。

热害造成叶片焦枯

叶片提早黄化落叶

11.2 芽冬剪还没有全面应用

2芽冬剪能减少冬剪和萌芽后抹梢的用工量，是省工栽培的主要技术。还能使萌芽整齐，利于蔓叶、花穗管理，好处多多。

阳光玫瑰葡萄种植较早的园开始就应用2芽冬剪技术获得成功，现已在各地推广。但从调查看，有不少园还在采用传统的中梢冬剪，究其原因是习惯理念起作用。

2芽冬剪

12. 超粗枝2芽冬剪

2芽冬剪是有条件的，第1次摘心要在6叶左右节位，结果母枝径粗在1厘米以下。这两个条件不具备，就不能进行2芽冬剪，否则影响花量。调查到浙江嘉兴有的园枝蔓径粗超过1厘米作为结果母枝进行2芽冬剪，导致下一年花量偏少，产量偏低。

结果母枝1厘米以下 　　　　　　　结果母枝1厘米以上（超粗枝）

三、用好破眠剂

1.南方一定要使用破眠剂使萌芽整齐

整个南方冬季低温量不够，影响萌芽。大棚栽培、避雨栽培和2芽冬剪园均要使用破眠剂打破休眠，促使萌芽，使萌芽整齐。

2.破眠剂选择

石灰氮、单氰胺均可选用。石灰氮价格低，效果相当，比较安全。

3.使用期

大棚栽培封膜后即可使用，避雨栽培在萌芽前1个月左右使用。使用太早萌芽不整齐，使用太晚影响效果。

4.使用浓度

单氰胺严格按使用说明书操作，在选择浓度时，应选择低浓度标准。不能提高浓度，否则易发生药害焦芽。

石灰氮使用浓度12.5％左右（兑水7倍，不能兑水5倍），直接用80℃以上热水浸泡2小时以上方可使用。

5. 使用方法

最好用小的刷子直接涂芽，中梢冬剪上部2个芽不涂，2芽冬剪2个芽均要涂。用喷雾器喷雾必须喷到滴水。

6. 及时供水

使用前或使用后即浇较多的水，否则影响效果，会造成焦芽。

四、不抹芽，推迟抹梢

1. 不抹芽

多数葡萄品种萌芽后，1个冬芽中发出双芽或3个芽，管理上要求只留1个粗壮的芽，其余的芽要及时抹去。阳光玫瑰葡萄不采用这个管理理念和方法，不抹芽，目的是稳定花量。

2. 推迟抹梢

较迟萌芽的新梢见花序开始抹梢，不要过早抹梢，目的是稳定花量。一般园要抹3次梢。

第1次：多数新梢长至4张叶片，有无花序已定局，新梢较多部位，抹除无花序的梢，还可抹除花序小的梢、迟萌芽的梢。

第2次：第1次抹梢后7～10天，V形架每米基本按12条（两边）留梢，将多余的梢抹除。

V形水平架等距离定梢

注意　留下的梢要均匀安排，花序多的园每条梢都有花序。

第3次：结合定梢进行抹梢。多数新梢长至6叶即可定梢，V形架每米按10条（两边）定梢，即梢距20厘米，要等距离定梢。

五、定梢期与定梢量

1.定梢期

开始开花前15天左右即6叶期即要定好梢，宜早不宜晚。

2.定梢量

V形架要按预计叶片大小确定定梢量。

叶片大小

叶片大小	亩定梢量
摘心下叶片横径28厘米以上	梢距22厘米左右，亩定梢2 200条左右
摘心下叶片横径24～28厘米	梢距20厘米，亩定梢2 500条左右
摘心下叶片横径24厘米以下	梢距18厘米左右，亩定梢2 800条左右

要等距离定梢。水平棚架亩定梢不能超过3 000条。

定梢不宜太多，否则枝蔓偏细，影响花芽分化；也不宜太少，否则枝蔓偏粗，影响基部节位冬芽花芽分化。

六、6叶剪梢+4叶剪梢+5叶摘心

1.第1次6叶左右剪梢（摘心）

分2种园：

（1）萌芽较整齐，新梢生长较整齐的园　可一次性剪梢（摘心）。多数新梢长至7叶左右，约在开始开花前15天，于6叶节位一次性水平剪梢。不能待到多数新梢长至8叶以上再在6叶节位处剪梢。

（2）萌芽不整齐，新梢生长不整齐的园　长得较快的新梢长至6～7叶即摘心，使这批新梢减缓生长，促使长得慢的新梢长上来，长至6～7叶摘心。

第1次6叶左右剪梢（摘心），有利新梢基部、中部冬芽花芽分化，是促花芽分化关键技术，能年年稳产，冬季可2芽修剪，稳定花量。

可先缚好梢再及时剪梢。萌芽较整齐，新梢生长较一致的园，劳动力能及时缚梢，可在缚好多数新梢及时剪梢。

也可先剪梢后缚梢。多数新梢已长至7叶，到了剪梢期可先剪梢，过5～7天及时缚梢，最晚在开始开花前缚好梢。

2.第2次剪梢、缚梢

第1次剪梢后20天左右，按"6叶+4叶"进行第2次剪梢、缚梢。

注意　这次剪梢已进入开花保果期，适时剪好梢利于保好果。已开始保果的园，如尚未剪梢必须安排劳动力突击剪梢，尤其是长势较旺的园。

3.第3次摘心、缚梢

第2次剪梢后20天左右，按"6叶+4叶+5叶"进行第3次分批摘心。

七、发生脱梢园的管理

脱梢园出现在结果母枝偏粗、长势偏旺的园。新梢长至20厘米以上，刮梢大一些的风部分新梢就会自行脱落，蔓叶管理时碰到这种梢也会发生自行脱落。发现有脱梢现象的园，不能按常规进行蔓叶管理，要根据情况管理。

1.新梢较多的园

结果母枝下部发出的梢可抹除，两边发出的梢可抹除一部分没有花序的梢，按计划定梢量及时缚梢、定梢。

2.新梢偏少的园

所有的梢先留下，能缚梢的新梢先缚梢，不能缚梢的新梢待坐好果后缚梢，按计划定梢量缚梢、定梢。

八、副梢处理

分2种园：

（1）行距3米能达到15张叶片，不留副梢省工栽培 开花前分批抹除花序以下副梢，开花坐果期和坐果后分批抹除花序以上副梢。

注意 第1次剪梢后5天内不能处理副梢，否则会逼上部冬芽萌发。

（2）行距2.5米：12张左右叶片留副梢栽培 开花前分批抹除花序以下副梢。花序以上副梢留1叶绝后摘心，增加叶片数。方法：留1叶摘心同时除去冬芽，不使再发出新梢。如果冬芽不抹除会发出新梢，增加抹梢用工量。

有的园副梢留2片叶摘心没有必要，因2叶摘心后还会发出较多新梢，抹梢用工量大大增加，不划算。副梢留得多影响通风透光，会诱发灰霉病。

九、增加叶片数的方法

顶端新梢可长放至两膜散热带中间，增加2张叶片，1亩园可增加4 400～5 000张叶片，增加树体营养积累，有利增大果粒。但这些叶片易受雨淋而发生霜霉病。实验园的做法：这部分叶片20天左右喷一次1 500倍噁喹啉铜保护预防，直至9月底，效果较好，能控制霜霉病发生。少数叶片发生霜霉病没有关系。

十、叶幕遮果防果实日灼

叶幕遮果是防止果实日灼最有效的办法。实验园采用V形水平架，20厘米等距离定梢，叶幕能完全遮住果，没有发生果实日灼。

叶　幕

十一、及时抹去顶端嫩梢和秋季发出的梢

新梢达到叶片数后（行距2.5米：12张叶片；行距3米：15张叶片；行距4米：18张叶片），发出的顶梢每隔7～10天及时抹去，以减少树体营养消耗，有利果粒增大。葡萄采摘上市后发出的梢也要及时抹除。

十二、培育好、保护好全期叶片，控好秋梢，防好秋旱

1.设施栽培高温期防止青枯焦叶

青枯焦叶发生时间：天气突然转高温这一天易出现叶片青枯，然后焦叶。这一天要及早揭高棚膜散热，防止叶片青枯。

遇连续最高气温（棚温）35℃以上高温天气，也会发生青枯焦叶，尤其是长势不旺的园、根系不好的园，基部、中部叶片会青枯焦叶。要揭高棚膜，减缓青枯焦叶。

基部叶片开始发生青枯焦叶，在叶幕上部覆盖遮阳网减弱光照，可减缓青枯焦叶。

2.大棚栽培、避雨栽培推迟至国庆节后揭膜

在浙江，阳光玫瑰葡萄大棚栽培、避雨栽培推迟至国庆节后揭膜，可避免秋季霜霉病发生。

3.控好秋梢

秋季，葡萄采摘上市后继续控好秋梢，不能让秋梢任其生长，否则影响花芽继续分化。

4.防好秋旱

遇秋季连续不下雨的秋旱天气，要及时供水，不能使叶片提早黄化，否则影响花芽继续分化。

十三、南方挂果园冬季修剪

1.南方挂果园冬剪的特殊性

（1）2芽冬剪与6芽冬剪的园冬剪不一样。
（2）第1次剪梢（摘心）部位不同冬剪不一样。
（3）新梢间距不一样冬剪不一样。
（4）结果母枝粗细不一样冬剪不一样。

2.冬剪存在的主要问题

（1）枝蔓下部径粗超过1厘米的超粗枝2芽冬剪，导致花少，产量低。
（2）不进行2芽冬剪。不少园还是采用6芽中梢冬剪，导致萌芽不整齐，增加冬剪和前期抹梢用工量。
（3）3芽（底芽+2芽）冬剪。萌芽后上部梢仍要抹掉，增加用工量。结果部位上移太快。

（4）枝蔓径粗超过1厘米部位作为结果母枝，下一年冬芽发出新梢易超粗，容易自行脱落（脱梢）。

（5）不按20厘米等距离定梢的园，梢距相差较大，梢距超过20厘米部位较多；出现空当较多的园，机械地进行2芽冬剪，致使全园冬芽量偏少，影响下一年花量与产量。

3.根据结果母枝粗度冬剪

（1）全园结果母枝径粗均在1厘米以下园的冬剪

①梢距20厘米按2芽冬剪。2芽冬剪2个条件：一是第1次6叶左右剪梢或摘心可2芽冬剪；第1次10叶及以上摘心不宜2芽冬剪。二是枝蔓基部径粗1厘米以下可2芽冬剪；枝蔓基部径粗1厘米以上不宜2芽冬剪，否则可能无花。

②梢距超过20厘米有空当部位，选1条枝6芽中梢冬剪，弯缚将空当补上。

（2）结果母枝下部径粗超过1厘米的树，按结果母枝粗度冬剪

①结果母枝下部径粗超过1厘米超粗枝，先按径粗0.7厘米剪去前部枝，将这条枝弯缚在底层拉丝上，基部径粗超过1厘米部位下一年花很少，用旁边径粗1厘米以下的枝补上这个部位。

②结果母枝下部径粗1厘米以下的枝，可2芽冬剪。

注意 必须符合2芽冬剪的条件。

③梢距超过20厘米有空当部位，选1条枝6芽中梢冬剪，弯缚将空当补上。

十四、南方密植园结合冬剪进行间伐

1.密植园间伐的重要性

株距3米及以下的园，不间伐会导致地上部与地下部生长失调，较难种出精品果。挂果1年即可间伐。

2.冬剪时隔株间伐

先间伐再冬剪。间伐后株距放宽1倍，原株距1米放至2米，原株距2米放至4米，原株距2.5米放至5米，原株距3米放至6米。

阳光玫瑰葡萄隔株间伐后4米1株

3.隔株间伐后的冬剪

先将两端2条枝按径粗0.6厘米剪去前部梢，各自向前弯缚，使两株树前端梢留有20厘米空当，不会影响产量。如两株树前端梢相接或有交叉，留10厘米空当剪去前部梢。

其余枝蔓在布好的2条拉丝上进行修剪。

4.株距3.5米园间伐的安排

株距3.5米不宜采用隔株间伐，因前端2条新梢弯缚后空当超过20厘米，会影响产量。因此要分2年间伐。

第1年将保留株前端2条梢各自向前弯缚。间伐株只保留植株中部的枝补好空当，其余枝均剪除。

第2年葡萄采摘上市后将间伐株翻掉。

5.株距4米的园

可不间伐，也可继续进行间伐，如继续隔梢间伐，分2年进行。

第 8 章
稳产、适产栽培，花穗精管，种出精品果

一、转变老观念，树立新理念

1.改变生产"大路货"果老观念，树立生产精品果新理念

随着经济的发展和国民收入的提高，人们开始追求更加美好的生活，消费水平也不断提高，表现在对葡萄果品需求的改变上，好看好吃、价格高的精品果市场好，品相一般、口感一般、价格较低的"大路货"果市场差，不好卖。葡萄种植者要适应进入新时代的新变化，不能按老观念生产"大路货"果，树立新理念生产精品果。

2.改变高产、大穗栽培老观念，树立稳产、适产、中穗栽培新理念

葡萄高产、大穗栽培老观念根深蒂固，已成为栽培习惯，不管种什么品种都采用高产、大穗栽培，生产出的是"大路货"果实，售价较低。阳光玫瑰葡萄与其他葡萄品种不同，精品果与"大路货"果销售价格相差1倍以上，生产"大路货"果很不划算。

3.改变花穗管理不肯投工的老观念，树立花穗精管肯投工的新理念

阳光玫瑰葡萄好看、好吃并重，好看好吃的精品果售价高；好吃不好看或好看不好吃的非精品果售价低。好看放在第一位。对花穗必须按精品果的要求及时投入劳力按时完成花穗精管，才能种出精品果穗。

二、阳光玫瑰葡萄精品果质量标准

1.精品果质量标准

好看、好吃、好卖、好价。

（1）好看的标准　果穗圆柱形周边整齐一层果，成熟果穗长18～20厘米，宽10～11厘米，重800～900克，不超过1000克。紧密度适中，较紧而不挤，大小均匀。

果粒椭圆形，均重14～16克，

精品果

大小均匀，无僵果。果皮绿黄色或黄绿色，有亮光。无病害果、无虫害果、无烂果、无果锈。

（2）好吃的标准　果粒可溶性固形物含量不低于18%，口感好，有香味。

（3）好卖、好价的标准　2017—2020年，阳光玫瑰葡萄精品果好卖，是卖方市场。2020年浙江嘉兴市场，阳光玫瑰葡萄每千克果售价：7月不低于40元，8月15日前36元左右，8月15日后至9月不低于30元，10月上旬不低于36元，10月中旬以后每千克果售价不低于40元。

2.非精品果果穗

不好吃、不好看，或好看不好吃，或好吃不好看，均不是精品果。

（1）不好看的表现　果穗圆锥形、自然形，长短不一，大小不一，重量不一，松紧不一，有僵果，有果锈。

果穗太大太胖：穗宽超过12厘米，甚至15厘米，2层果，有的3层果。

果穗太长：有的超过22厘米，甚至25厘米，调查到30厘米长的果穗。

果穗不好看——超大穗

果穗重，大小不一：穗重超过1 000克，甚至1 500克，最大的达3 000克，小的不到500克。

果粒太大：果粒重超过18克品质下降，不甜不香。

果粒太小：果粒重10克以下，好吃不好卖。

果穗着粒太紧：果粒小，一串果穗松紧不一。

果穗着粒太松：运销过程会落果，不好卖。

弯曲穗、奇形果穗：果穗弯的原因是花序弯，花序弯的原因一是花序太嫩，二是保果剂浓度偏高。发现花序弯立即用木夹夹住花序尖，可将花序拉直。

保果剂浓度偏高引起花序弯曲　　　　　　防果穗弯曲

（2）不好吃的表现　可溶性固形物含量16%以下属不好吃果。可溶性固形物14%以下不能吃。

（3）不好卖、低价卖的表现　在浙江嘉兴，2020年市场售价为每千克果10～16元。

三、稳产、适产栽培花穗精管的重要性

1.稳产、适产栽培是连年较高亩产值的基础

亩产量1 500千克左右为适产栽培，管理到位的园可达到连年较高亩产值。高产、超高产栽培不稳产，亩产值也不稳。

2.稳产、适产栽培是种出好看、好吃精品果的基础

适产栽培园结合花穗精管能种出好看、好吃的精品果。高产、超高

产栽培果实不好吃。

3.花穗精管是阳光玫瑰葡萄果穗好看的关键

一个园果穗长短、宽度、果粒大小基本一致是通过花穗精管实现的。这种果穗是好卖、好价（售价高）的关键之一。

阳光玫瑰葡萄自然坐果落果偏重，自然膨大果粒仅8克左右，商品性不好，好吃不好看，不好卖，售价低。选好、用好无核保果剂和果实膨大剂可完全改变果穗、果粒性状，坐果好，果穗较紧而不松，果粒重可达14～16克，是种出精品果的关键技术之一。

四、稳产、适产栽培花穗精管存在的主要问题

1.头年挂果园普遍产量较低

南方多数园头年挂果产量在1 000千克以下，甚至部分园没有产量。其原因：

（1）建园不规范。表现在：

①套种在老树中严重影响生长，下一年花少产量低。

②对挂果树进行嫁接，接穗新梢长不好，下一年花少产量低。

③早熟品种采收上市后种植，新梢生长量不够，下一年花少产量低。

④所购树苗质量有问题。购买种植了贮藏期根系失水的苗，会导致僵苗，下一年花少产量低。

⑤购入苗没有保存好。苗木假植期根部过干、过湿，根系受损，会导致僵苗，下一年花少产量低。

⑥烂田建园，当年种植苗长不好，下一年花少产量低。

⑦园地不平，过高、过低部位易出现僵苗，下一年花少产量低。

⑧有机肥施用偏少，生长偏弱，下一年花少产量低。

⑨畦沟、排水沟太浅，根系没有长好，影响新梢生长，下一年花少产量低。

⑩苗种得太深，影响生长，导致下一年花少产量低。

上述10个原因中只要存在1条，就影响下一年花量与产量。

（2）种植当年管理失误，表现在：

①不覆盖棚膜进行露地栽培，易发生霜霉病、黑痘病，发病株下一

年花少产量低。

②种好苗后种植垄不覆盖黑色地膜，畦土易干干湿湿，畦面易长草，影响苗生长，影响下一年花量与产量。

③间种作物严重影响苗的生长，影响下一年花量与产量。

④杂草丛生严重影响苗的生长，影响下一年花量与产量。

⑤畦沟、排水沟太浅的园根系生长不好，新梢也长不好，影响下一年花量与产量。

⑥氮素营养不够生长弱，影响下一年花量与产量。

⑦供水不够影响生长，影响下一年花量与产量。

⑧施肥不当发生肥害，影响生长，影响下一年花量与产量。

⑨主干留副梢影响主蔓生长，影响下一年花量与产量。

⑩4主蔓培育园，主蔓长放影响花芽分化，影响下一年花量与产量。

⑪分类培育不到位，生长不均衡，影响下一年花量与产量。

上述11个原因中有1个存在，就影响新梢生长，影响下一年花量与产量。

2.二年及以上挂果园产量不稳

阳光玫瑰葡萄在发展过程中，一直存在产量不稳的问题，表现在产量一年高，一年低，低的年份花穗偏少，亩产量1 000千克以下。花穗偏少的原因：

（1）新梢长放，10叶以上第1次摘心，影响中、下部冬芽花芽分化，导致下一年花穗偏少。

（2）高产、超高产栽培，影响花芽分化，导致下一年花穗偏少。

（3）大棚促早栽培开始开花直至后2个月是花芽分化期，在此期间棚温超过35℃的时间较多，高温热害影响花芽分化，导致下一年花穗偏少。

（4）秋季没有保养好叶片，影响花芽继续分化，导致下一年花穗偏少。

（5）秋旱天气未及时供水，影响花芽继续分化，导致下一年花穗偏少。

（6）秋梢长放，影响树体冬季营养积累，影响花芽补充分化，导致下一年花穗偏少。

（7）结果母枝径粗超过1厘米2芽冬剪，导致花穗偏少。

（8）结果母枝径粗超过1厘米，发出新梢易自行脱落，导致花穗偏少。

（9）当年定梢量偏少，导致花穗偏少。

（10）采用抹芽技术，抹去的芽有的有花序，如全园花量偏少，导致花穗偏少，抹芽是原因之一。

（11）大棚促早栽培，封膜后棚温超过35℃时间较长，高温热害导致花芽退化，使全园花穗偏少。

（12）没有用好破眠剂造成焦芽，减少花量。

（13）花穗发生灰霉病，导致花穗偏少。

（14）没有保好果，影响当年产量。

上述14个原因其中有一个发生，就会导致花穗偏少。

3. 高产、超高产栽培

近几年，花芽分化好的园，采取高产、超高产栽培的较多，亩产2 500千克以上，甚至3 000千克。这种葡萄糖度不高，口感不佳，成熟推迟，售价较低。这种园葡萄成熟前30天内如肥水管理不当，还会导致裂果、烂果，损失惨重。高产、超高产栽培是种不出精品果的主要原因之一。

4. 超大穗、超大粒栽培

近几年，受全国不少水果市场大穗、大粒的阳光玫瑰葡萄好卖的影响，大穗、大粒栽培的园增多。单穗重1 500克，甚至2 000克，单粒重18 ~ 20克，甚至25克，好看不好吃。这种园葡萄成熟推迟，糖度不高，口感不佳。如继续这样下去，阳光玫瑰葡萄会慢慢失去高品质、高售价市场。超大穗、超大粒栽培也是种不出精品果的主要原因之一。

5. 花穗精管不到位

表现在：7厘米以上整花序；二层果、三层果整果穗，果穗长度不整；80粒以上疏果；少数园不整花序、不整果穗、简单疏果。结果是果穗长短不一、大小不一、松紧不一，果穗不好看；果粒大小不均，糖度偏低，有僵果，有果锈。是阳光玫瑰葡萄亩产值不高的主要原因之一。

6. 没有保好果

每年都有部分园没有保好果，产量低，质量差，售价低。

注意 阳光玫瑰葡萄可二次保果，不存在保不好果的问题。只要开花第12天开始认真检查第1批保果的花穗，发现落果偏重，全园即用赛果美、大果宝第2次保果，完全能保好果。

7.果粒偏小

果粒均重10 ～ 12克。这种小粒果葡萄售价低，如2020年嘉兴市场这种果每千克售16元以下，比果粒均重14 ～ 16克的精品果售价低一半左右。是阳光玫瑰葡萄亩产值不高的主要原因之一。

五、稳产、适产栽培

阳光玫瑰葡萄是一个丰产型品种，高产栽培种不出精品果，要适产栽培。

1.稳产、适产指标

依据市场销售价格，以亩产值最高定亩产量。根据连续几年调查，以亩产量1 500千克左右亩产值最高。既比亩产量1 000千克的高，也比亩产量2 000千克的高。所以，笔者在2020年葡萄培训班授课时将适产栽培亩产量从1 250千克调至1 500千克，最高不超过1 750千克。

阳光玫瑰葡萄适产栽培亩产量1 500千克，按每千克葡萄售价30元计，亩产值4.5万元，如每千克葡萄售价达34元，亩产值则超过5万元。

如亩产量超过2 000千克，在果实成熟过程会损失一部分果穗，产量越高损失越多，而且增糖很慢，很容易出现未熟抢卖，卖不出好价。因此，要适产栽培，以产值最大化定亩产量。根据2017—2020年实践，亩产量以1 500千克左右为宜。

2.定穗量

（1）不同定穗量与亩产量的关系　行距按2.7米计，1亩园长约245米，果穗均重按850克计，按每米挂果（指两边，下同）7 ～ 15串计算亩产量。

定穗量	穗数与产量
每米果穗7串	1亩园1 715串，预计亩产量1 450千克
每米果穗8串	1亩园1 960串，预计亩产量1 625千克
每米果穗9串	1亩园2 200串，预计亩产量1 350千克
每米果穗10串	1亩园2 450串，预计亩产量2 100千克
每米果穗11串	1亩园2 700串，预计亩产量2 300千克
每米果穗12串	1亩园2 940串，预计亩产量2 500千克
每米果穗13串	1亩园3 180串，预计亩产量2 700千克
每米果穗14串	1亩园3 430串，预计亩产量2 900千克
每米果穗15串	1亩园3 670串，预计亩产量3 100千克

上述产量是假设果穗成熟过程中不发生损失计算得出的，其实每米挂果8串以上的园，果穗会损失一部分，挂果越多，果穗损失也越多。

（2）推荐定穗量 行距2.5～3米，如每米定穗7串（指两边），1亩园1 700串，预计亩产量1 500千克左右；如每米定穗8串，1亩园1 960串，预计亩产量1 650千克。

3.全面提升果实品质

分两种情况：

（1）花穗精管的园 进一步提高花穗精管质量的同时，主攻中果粒（15克）增糖度（可溶性固形物含量18%）栽培，实现葡萄好看、好吃、好价、好卖。

（2）花穗没有精管的园 主攻花穗精管、中果粒（15克）增糖度（可溶性固形物18%）栽培，以实现葡萄好看、好吃、好价、好卖。

六、定穗、花穗精管推广"3+2+2+3"模式

1.3次定穗

根据笔者葡萄园的实践和精品栽培好的园调查，明确提出要三次定穗和每次定穗量。

（1）**第1次定穗宜早不宜迟**　开始开花第20天左右已坐好果即应定穗。每米定穗9串，1亩园2 200串左右，最多每米定穗10串，1亩园2 450串，剪去坐果不好的果穗、形状不好的果穗，1蔓2串的剪去1串。如果果穗较多，剪去迟开花的果穗；果穗偏少的园，每米果穗如不到8串，果穗全部留下，以确保一定的产量。

生产上普遍存在的问题：第1次定穗多偏晚，消耗大量树体营养，增加整穗、疏果用工。

（2）**第2次定穗要及时**　果实膨大剂处理后即进行第2次定穗。分三种园：

一是第1次定穗时较严格按每米定穗9串的园，这次每米剪掉1串长得不好的果穗，留8串。

二是第1次定穗时每米定穗10串及以上的园，这次每米按8串定穗，剪掉长得不好的多余果穗。

三是第1次没有定穗，这次每米按8串定穗，剪掉长得不好的多余果穗。

花序少，每米不到8串果穗的园，保留全部果穗。

长得不好的果穗

（3）**第3次定穗要认真**　果实第1膨大期的后期，约在开始开花50天，每米定穗8串的园，还可剪掉少数长得不好的果穗，每米留7串；如果果穗长得都很好，就可不剪掉果穗。这次定穗，果实已较大，长得不好的果穗要舍得剪去，提高全园精品果率。

定　穗

2.重整花序2次

（1）时期　全园开始开花即进行整花序。不宜提早整花序，同期开花的园5天内整好。

（2）程度　不管花序多大，按留尖部5厘米整花序，将上部的花序分枝全部整掉。

5厘米整花序

2021年3月13日与陕西西安一位葡萄专家交谈时，谈到5厘米整花序是南方种出精品果的关键技术，而且节省整穗、疏果用工。西安的专家告知，西安按5厘米整花序，遇到干热风天气坐不好果，果穗不完整，产量稳不住。表明各地天气条件不同栽培技术也不相同，要根据当地天气情况，总结出当地花穗精管的经验，种出精品果。

（3）**快速整花序的方法**　在手指的食指5厘米处画条线，将花序尖部放到画线处，从食指尖部处的花序往上轻轻捋，捋掉上部的花序分枝，或从上部往下轻轻捋，捋到食指尖部，离花序尖5厘米处。从下往上轻轻捋，少数花序轴会被捋去部分皮，没关系。不要用剪刀剪花序，太慢。快速整花序一天可整好2～3亩花序。

快速整花序

（4）**花序尖部不能剪掉**　如剪去花序尖部，果穗变形（变胖），影响外观品质。

（5）**奇形花序的整花**　有两种奇形花序：

一种尖部分杈的花序，剪掉一个分杈，不宜将2个分杈都剪掉。

一种尖部花蕾很密集的花序，如果全园花序较多，这种花序剪掉；如果全园花序不够，将这种花序密集部位剪掉。

（6）**第二遍整花序**　花序第一遍整好后，紧接着对全部已整过的花序认真检查一遍，对长超过5厘米的花序剪掉超出部分，全园都达标准。

（7）**花序不够的园**　可选择部分大花序，将花序上部的小穗花序同按5厘米整理，尖部也按5厘米整理，一个花序挂2串果，可增加产量。这种园坚持5厘米整花序，不能放长搞大穗。

3.果穗整边、整长各1次

（1）整边　阳光玫瑰葡萄坐好果、第1次定好穗后，即开始开花20～22天进行整边。如果与疏果一同进行，则可在开始开花22～24天进行整边。每个花穗分枝只留一层花蕾，多余的均剪掉，成熟果穗成圆柱形。

注意　上部的分枝不能留2层花蕾，否则果穗不是圆柱形，变成圆锥形，成不了精品果穗。

（2）整长　疏果前按14厘米整长度。多数果穗剪去下部过长部分，少数上部形状不好的果穗则剪上部，使全园成熟果穗长度基本一致。

整　边

整　长

4.疏果3次

第1次：于果粒大小分明时，约在开始开花第24天即可开始疏果，每穗留65粒左右，从上至下按5、4、3、2的顺序疏果，疏去过密、较小的果粒和朝里长的果粒，疏果后的果穗着粒较均匀。

第2次：在第1次疏果后10天左右，即开始开花35天左右，果实还处在较快膨大期，果穗还较松，将过密的果粒疏掉，特别要疏掉长在果

第1次疏果　　　　　　　　　第2次疏果

穗里边的果粒，只留一层果粒，每穗留60粒左右。

　　第3次：在果实第1膨大期的后期，即开始开花50天左右，果穗要全面检查一遍，对部分果穗已较紧，像玉米棒一样的，必须疏掉过紧部位1～2粒果，到小穗能松动为止。

5. 及早安排好整穗疏果用工

　　阳光玫瑰葡萄种出精品果，整穗和第1次疏果在同一时期进行，每亩需用工10个左右。种植面积20亩以上较大的园，要及早安排好果穗整理和疏果工，

第3次疏果

及时认真整好穗、疏好果，才能种出精品果。如不能及时整好穗、疏好果，就种不出精品果。

七、选好、用好无核保果剂和果实膨大剂

阳光玫瑰葡萄不宜自然坐果栽培，自然坐果果穗形状不好看，果粒大小不一，售价低。因此必须采取无核、膨大栽培，要用无核保果剂和果实膨大剂，进行无核保果、膨大处理。

1.目前在阳光玫瑰葡萄生产上使用的无核保果剂和果实膨大剂

有四类：

（1）有"三证"工厂生产的产品，近两年已逐步在生产上使用。

（2）阳光玫瑰葡萄种植较早的研究者和种植者，根据实践中表现较好的配方，自己配制对外供应，但没有"三证"。已调查到浙江、江苏、广东等地自己配制对外供应的产品有6种。

自己配制对外供应，使用中没有出问题还好。一旦出些问题使用者投诉，执法者只看产品有无"三证"。产品没有"三证"就认定为假冒伪劣产品，负损失赔偿责任。这种事每年都有发生。

（3）将用于夏黑、醉金香、巨峰、藤稔葡萄上的保果剂、膨大剂用到阳光玫瑰葡萄上，能保好果，但果粒较难达到14～16克，果梗较硬，易木质化。

（4）由赤霉酸、氯吡脲、噻苯隆等复配的无核保果剂。浙江嘉兴有2块阳光玫瑰葡萄园，用自己复配的种得比较好。

2.无核保果剂、膨大剂选用标准

（1）**无核保果效果** 按园地计算，保好果的园占98%以上；按花穗计算，保好果的穗占95%以上，无核率95%以上。达不到这个标准的产品不宜选用。

（2）**膨大效果** 良好的肥水管理，蔓叶数字化管理，适产栽培，花穗精管到位的园，果粒均重在14～16克。达不到这个标准的产品不宜选用。

（3）**果梗粗度与木质化程度** 果梗较细，成熟果穗果梗较软能弯曲，绿色。达不到这个标准的产品不宜选用。

葡 宁

推荐有"三证"厂家生产的"葡宁",葡宁"三证"号：农药登记证号：PD20200753；生产许可证号：农药生许（陕）0027；产品标准号：Q/SXDC 001-2020。"葡宁"是陕西大成作物保护公司研制、生产的阳光玫瑰葡萄专用无核保果剂、果实膨大剂。

浙江海盐友邦公司2019年购入葡宁10瓶，在海盐选择10块阳光玫瑰葡萄园试用，表现较好的效果。2020年购入1 500瓶，在浙江嘉兴、长兴、宁波、台州等地的阳光玫瑰葡萄上使用，也表现出较好的效果，在使用中积累了一些经验。

①保果、膨大效果较好，但保果处理要认真。

②据海盐钱国军2020年实践，增糖较快。

③成熟果穗果柄较细、较软，不会木质化，保持绿色。

④无核保果、膨大处理一个配方不同浓度，使用方便，不易搞错。

⑤也可用于红艳（浪漫红颜）葡萄保果、膨大。

其他"三证"齐全，经试用认定效果较好的也可选用。

3.无核保果处理

（1）使用时期　一串花穗开完花即使用，要分批使用，花穗上的花没有开完不能保果，否则会出现僵果。第一天使用后要天天使用，或隔天使用，直至全园花穗处理完。分批保果要做记号。

（2）使用浓度　"葡宁"1瓶100毫升，按说明书兑水45升。

（3）使用方法　浸花穗，不宜喷花穗。

（4）注意事项

①混配防灰霉病农药。可混配1 000倍嘧霉胺等。

②配好的药液7天内使用均有效。未用完的原药可保存至下一年使用。

③棚内温度30℃及以上的时段不能使用。

④清晨及阴雨天花穗上有水不能使用，待干燥后方可使用。

⑤重视保好果。保果期遇大风天气保果会影响效果，大棚促早栽培遇低温天气保果会增加僵果，遇到这样的天气均应推迟1～2天保果。使用无核保果剂不认真规范也保不好果。

无核保果处理

⑥保好果后供一次水。

⑦发现早保果的果穗没有保好果，全园立即用"赛果美"（葡萄大果宝）0.5克（1包）兑水10升进行再保果处理，效果很好。"赛果美"先用酒精溶解。

无核保果剂如选用不当、浓度偏高、使用方法不适，则会导致果粒大、空心，糖度偏低，品质下降，商品性降低，成熟推迟，果梗偏粗偏硬。

保果产生的药害

4.部分果穗中部果粒有核的原因与防止

原因：无核保果剂处理时间偏晚。一串葡萄开完花的下午（葡萄上午开花，下午很少开花）至第2天，最晚第3天要处理好，不会出现有核果粒。如在开好花的第4天、第5天进行无核保果处理，花穗中部会出现有核果粒（中部先开花）。处理时间越晚，有核果越多。

防止：一定要及时进行无核保果处理，最晚于开好花第3天处理好，以后隔天处理一次，或天天处理。遇西南风或低温天气推迟1天，最多推迟2天处理好。

个别果穗中有少量有核果关系不大，多数果穗为有核果且较多就影响销售。

5.膨大处理

（1）使用期　开始开花第27～30天进行一次性膨大处理，最早于开始开花第25天进行膨大处理，即最后一批无核保果剂处理后15～18天一次性进行膨大处理。大棚栽培开花期超过20天，要分两批进行膨大处理。

注意　处理偏早影响果粒膨大。

膨大处理

（2）使用浓度　"葡宁"1瓶100毫升，根据阳光玫瑰葡萄长势调节兑水量。长势旺的园兑水30升，长势中等的园兑水25升，长势偏弱的园兑水20升。

（3）使用方法　浸果穗。不宜喷果穗。

（4）注意事项

①混配农药：可混配1500倍喹啉铜保护。

②配好的药液7天内使用均有效。未用完的原药可保存至下一年使用。

③棚内温度30℃及以上的时段不能使用。

④清晨及阴雨天花穗上有水不能使用，花穗干燥后方可使用。

⑤处理后即供一次水。

⑥不宜使用2次。2017年调查一块处理2次的园，成熟推迟，果梗硬化，影响增糖，口感不好。没有必要处理2次。

注意 近几年各地在进行不同时期使用的实践及不同配方的实践，如确定比现有技术方案更方便、效果更好可应用。特别注意：开始时可先小面积试用，决不能大面积应用。通过少量试用确定效果更好，才可扩大应用。

6.不能进行花序拉长处理

2014年实验园无核保果栽培阳光玫瑰葡萄，于8叶期用浓度为5毫克/升的赤霉酸进行花序拉长处理。阳光玫瑰葡萄对赤霉酸很敏感，花序拉得太长，成熟果穗太松散，降低商品性。因此，阳光玫瑰葡萄花序不能进行拉长处理。

八、果粒不大的原因和种出大果粒的措施

1.果粒不大的园

果粒不大指果粒均重12克以下，全国约有1/3的园果粒均重在12克以下。2020年，果粒12克以下阳光玫瑰葡萄的售价比果粒均重15克左右的每千克低12～16元。果粒小，产量相应降低，这种园亩产值仅有2万多元。应引起重视。

果粒均重10克园

2.果粒不大原因

（1）长势不旺，叶片偏小，氮素营养不良，这是主要原因。

（2）超高产、大穗栽培，如肥水管理跟不上，影响果实膨大，会发生僵果。

（3）根系不好，吸肥、吸水能力较差，影响果实膨大。

（4）果实膨大剂使用偏早，开始开花不到20天就使用，影响果粒膨大。

（5）果实膨大期全部施用水溶肥，影响果实第2膨大期的膨大。

（6）叶片数达到12张（行距2.5米）或15张（行距3米）顶端发出的新梢没有及时摘除，消耗较多树体营养，影响果实膨大，即"长梢不长果"。

（7）没有保养好中、后期叶片。葡萄成熟前出现青枯焦叶和叶片黄化，出现早落，均会影响果粒膨大。

3.增大果粒主要措施

（1）科学栽培和管理　树要旺，叶片要大，根系要好，叶片光合产物多，根系吸收养分、水分较多，能满足果实膨大对养分、水分需要。

叶片大关键在6叶期前，此期叶片大不起来，以后叶片很难大起来。

（2）适产、中穗栽培　目标亩产量1 500千克左右，果穗均重850克左右。

（3）适时使用果实膨大剂　果实膨大剂最早使用期为开始开花第25天。

（4）肥水促蔓叶生长，促果实膨大　增施有机肥料，用好基肥、催芽肥、壮蔓肥、4次果实第一膨大肥、2次果实第二膨大肥，供好水，满足树体生长和果实膨大对肥水的需求。

注意　果实膨大期不宜全部施用水溶肥。

（5）蔓叶数字化管理　叶片数达到12张（行距2.5米）或15张（行距3米）顶端发出新梢7～10天及时摘除，减少树体营养消耗，促使果实膨大。

（6）保养好中、后期叶片　葡萄上市前要保持叶片健旺，不能出现青枯焦叶，不能出现叶片黄化，不能出现叶片早落。

第 9 章
葡萄营养与阳光玫瑰葡萄施好 10 次肥

一、葡萄营养

1.葡萄必需的16种营养元素

必需营养元素是指对植物的生长或繁殖是必不可少，如缺乏这种元素植物就不能完成其正常的生命活动。必需营养元素对植物具有独特、专一的生理功能，其他元素不能替代。

葡萄与其他植物一样，有16种必需营养元素。根据植物体内含量多少分为大量营养元素和微量营养元素。

分　类	定　义	元素种类	来　源
大（中）量营养元素	在葡萄干物质中一般占百分之几至千分之几的营养元素	9种：碳 (C)、氢 (H)、氧 (O)、氮 (N)、磷 (P)、钾 (K)、钙 (Ca)、镁 (Mg)、硫 (S)	碳 (C)、氢 (H)、氧 (O)由大气中二氧化碳和水提供，其他13种元素都需要从土壤中补充供应，故特称矿质营养元素。
微量营养元素	在葡萄干物质中一般仅占万分之几的营养元素	7种：铁 (Fe)、硼 (B)、锌 (Zn)、锰 (Mn)、铜 (Cu)、钼 (Mo)、氯 (Cl)	

2.肥料三要素和葡萄需肥五要素

（1）**肥料三要素**　植物体对氮、磷、钾需要量较多，土壤中含量不够，要通过土壤施肥满足植物体需要，通常将氮、磷、钾称为肥料三要素。

（2）**葡萄需肥五要素**　葡萄对氮、磷、钾需要量较多，对钙、镁需要量也较多，将氮、磷、钾、钙、镁定为葡萄需肥五要素。

3.营养元素之间相互关系

（1）**同等重要和不可替代**　16种必需营养元素的生理功能是各不相同的，在葡萄体内的作用是同等重要的，互相不可替代。如缺铁表现出失绿症，叶片黄化枯萎脱落。缺铁症出现后，施用氮素不能使叶片转绿，因氮元素不能代替铁元素的生理功能。

（2）**养分平衡**　土壤中各种养分数量不符合葡萄生长发育的需求，通过施肥来调节，使之大体上符合葡萄的需要，这就是养分平衡，达到养分平衡的施肥称平衡施肥。

（3）相助作用 又称相成或协同作用。当一元素增加而另一元素随之增加称相助作用。如镁是锰、锌的增效剂，锌是钙的增效剂。

（4）相克作用 又称拮抗作用。钙是钾、镁的拮抗剂，锰是铜、铁的拮抗剂。

4.土壤酸碱性

（1）我国酸性土和碱性土分布

①酸性土区域。我国长江以南地处温带、亚热带气候条件，土壤风化和土体淋溶都十分强烈，形成酸性反应的土壤，分布最广的是红、黄壤。

东北山地处在冷湿的寒温带，降水较多，土体淋溶也较强，形成弱酸性的暗棕壤和棕壤；高山地区还有酸性更强的灰化土。

②碱性土区域。半干旱或干旱的华北和西北地区，降水少，土体淋溶弱，广泛分布着中性pH6.5～7.5至微碱性的石灰质土壤。

沿海围垦造田及自然形成的冲击土，多数是碱性较高的盐碱土。

（2）土壤酸碱性与土壤肥力和葡萄生长的关系

①与葡萄适宜种植区的关系。土壤pH 5.5～8.5均可种植葡萄，最适宜是中性土壤，即pH 6.5～7.5。盐碱土土壤含盐量达0.18%葡萄生长不良，含盐量达0.23%葡萄则死亡。土壤含盐量达0.18%以上不适宜种植葡萄。

②与土壤养分有效性的关系。大多数养分在土壤pH 6.5～7.5之间都表现出高有效性。

土壤中的氮素：有机态氮只在pH 6.0～8.0范围内才有较高的溶解度和容易被微生物分解，能提高有效性。在pH 6以下的酸性土和pH 8以上的碱性土中，会降低有效性。

土壤中的磷素：在pH 6.5左右时磷的有效性最高，酸性土和石灰性土壤中的磷常被铁、铝和钙等固定，成无效态或迟效态。

③与缺素症发生的相关性。氮、磷、钾3种元素，葡萄施肥中较多施用，多数葡萄园不缺氮、磷、钾，因而很少表现出缺素症状。如果发生缺素症状，只要及时施用相应的肥料，树体可恢复正常生长。

硫、铜、钼、氯4种元素，多数土壤中含量能满足葡萄需要，一般不会表现出缺素症状。

钙、镁、硼、铁、锌、锰6种元素，葡萄需求量比氮、磷、钾少，比铜、钼、氯多得多，有时表现出缺素症状。通常说的缺素症主要指这6种元素。

钙多数土壤中含量较多，尤其碱性土壤一般能满足葡萄需要。强酸性土壤会表现缺钙症状。pH 6以下的酸性土，通过施用生石灰调节pH能达到补钙的效果。

镁、硼、铁、锌、锰5种元素土壤中含量并不少，主要是能被葡萄吸收利用的有效养分含量少导致缺素症发生。镁、硼、铁、锌、锰5种元素养分有效性与降水量、土壤酸碱度关系密切。

土壤中的硼、铁、锌、锰在碱性条件下有效性降低，因此北方干旱、半干旱地区以碱性土壤为主的易发生缺硼症、缺铁症、缺锌症和缺锰症。南方东部沿海围垦造田土壤易发生缺铁症。

南方雨水多，酸性土壤为主，易发生缺镁症。

5.葡萄对氮、磷、钾的吸收比例

葡萄是喜肥果树和喜钾果树。据研究，不同果树种类生产100千克果实吸收氮、磷、钾以葡萄为最多。每生产100千克葡萄吸收氮0.3千克，磷0.15千克，钾0.36千克，共0.81千克。桃为0.59千克，梨为0.49千克。

葡萄吸收氮、磷、钾比例为1：0.5：1.2。葡萄园要根据这个吸收比例和氮、磷、钾肥料有效性合理施肥。据研究，我国氮、钾肥料的有效性为40%左右，磷的有效性为30%左右。因此，氮、磷、钾肥施用比例可定为1：0.8：1.2。

6.葡萄各物候期对五要素吸收量的变化

元素	吸收量变化	肥料施用时期
氮	萌芽展叶期开始吸收，新梢生长期直至果实第1膨大期均处于吸收高峰期，果实第2膨大期很少吸收	氮素肥料应在施催芽肥、壮蔓肥、果实第1膨大肥时施用
磷	树液流动期开始吸收，新梢生长期为第1个吸收高峰期，果实第1膨大期为第2个吸收高峰期，果实第2膨大期吸收减缓	磷元素易被土壤中铁、铝等元素固定，磷素肥料应在秋施有机肥时施用

（续）

元素	吸收量变化	肥料施用时期
钾	萌芽展叶期开始吸收，新梢生长期、开花坐果期继续吸收，果实第1膨大期至第2膨大期为吸收高峰期	钾素肥料应在果实第1膨大期、第2膨大期施用
镁	萌芽展叶期开始吸收，新梢生长期至果实第1膨大期继续吸收，果实第2膨大期吸收减缓	镁肥应在施催芽肥时施用
钙	萌芽展叶期开始吸收，新梢生长期至果实第2膨大期均持续吸收	pH 6以下的酸性土可在冬季、春季施用石灰

7.五要素在葡萄体内的流动特性

葡萄从根部吸收的五要素营养分布在葡萄体内各个部位。当某一部位缺少时，可从其他部位向这个缺少部位转移，称养分流动。5种元素养分流动特性存在差异。

元素	流动性
氮	较好
磷	能流动，但不活跃
钾	流动性大
镁	能流动
钙	不流动

二、阳光玫瑰葡萄属于需肥量最多的品种

1.按葡萄需肥特性分类

笔者栽培管理过142个鲜食葡萄品种，在栽培中发现品种间对肥料需求量相差很大。可分为三类。

（1）**需肥量较少的品种** 长势旺的品种属于这一类。主要有：

①夏黑葡萄及其芽变种，如夏黑、早夏无核葡萄等。

②美人指葡萄及其美人指系的品种，如美人指、金田美指、红指、东方美人指、新美人指葡萄等。

③其他长势旺的品种，如喜乐、金星无核、无核早红、信侬乐、黑

玫瑰等。

（2）需肥量较多的品种　主要有：

①有核品种无核栽培。需肥量属于中等的有核品种，进行无核栽培需增加施肥量，成为需肥量较多的品种，如阳光玫瑰、醉金香葡萄等。

②有核品种超大果栽培。需肥量属于中等的有核品种，进行超大果栽培需要增加施肥量，成为需肥量较多的品种，如嫁接栽培的藤稔葡萄等。

③长势较弱的品种，如藤稔（自根苗）、京亚、红双味、维多利亚、黑爱莫无核、黑芭拉多等。

（3）需肥量中等的品种　除需肥量较少的品种和需肥量较多的品种，其余均属于需肥量中等的品种，占多数。

2.阳光玫瑰葡萄是需肥量最多的品种

浙江海盐县农业科学研究所葡萄实验园，阳光玫瑰葡萄无核精品栽培，9年种植均表现出属需肥量最多的品种。其原因：

（1）施肥量不够，长势不够旺，叶片不够大，当年种植易产生僵苗，挂果树易产生僵果，较难种出精品果。

（2）挂果园施肥量不够，果粒均重较难达到14～16克。

3.阳光玫瑰葡萄对有机肥料需求量较多

阳光玫瑰葡萄全年需肥量如以施用化学肥料为主，还是较难种出精品果。阳光玫瑰葡萄对有机肥料需求较多，有机肥料中氮素含量应占到全年氮素施用量的50%以上，才有可能种出精品果。

浙江嘉兴阳光玫瑰葡萄种得好的陈方明、沈金跃、周志昂、林根、钱国军、朱利良等，无一例外的所施肥料均以有机肥料为主，有机肥料中氮素含量占到全年氮素施用量60%以上。

三、科学平衡施肥的重要性

1.科学平衡施肥是长好树的主要关键

当年种植园长势旺，可减少僵苗发生；挂果树长势旺、叶片大，能种出精品果。

长势旺要在建园时打好基础，主要靠通过科学平衡施肥实现。

2.科学平衡施肥是种出精品果的关键之一

目标亩产量掌握在1 500千克左右，果粒均重达到14 ~ 16克，科学平衡施肥是关键。

四、施肥上存在的主要问题

在阳光玫瑰葡萄11年的发展过程中，在肥料选择和施用上积累了丰富的经验，种出了每千克果售价40元以上的精品果。但也存在不少问题，主要有：

1.轻视有机肥施用

2020年12月5日赴浙江温岭市滨海镇指导，考察了3块已挂果和当年种植的阳光玫瑰葡萄园，主干不粗，叶片不大，摘心下的叶片横径仅20厘米左右。了解有机肥料施用情况，建园时有机肥只施用500千克左右，挂果园每年也只施用500千克左右。

同时调查了2020年冬巨峰葡萄改种阳光玫瑰葡萄的3块园，每亩只施了有机肥700千克。当场指导再施用1 300千克，要达到2 000千克。3位种植者均接受采用。

温岭市滨海镇是巨峰葡萄产区，很少用有机肥料。改种阳光玫瑰葡萄后不了解阳光玫瑰葡萄需肥特性，按老习惯施肥，以施用化肥为主，少用有机肥，阳光玫瑰葡萄很难种好。

调查发现，少用有机肥料较普遍。这是导致阳光玫瑰葡萄树体长势不旺，叶片偏小，易发生僵果，果粒不够大的主要原因之一。

2.超量用肥较普遍，肥料成本偏高

阳光玫瑰葡萄虽然是一个需肥量最多的品种，但调查发现实际施用的肥料量超过葡萄需要量的较普遍。在浙江，每年亩肥料成本3 000元以下是合理的，越过3 000元属于偏高。

2021年1月8日调查到浙江海盐一块22亩阳光玫瑰葡萄园，已有4年种植历史。2020年园主看到海宁市一块10亩阳光玫瑰葡萄园，产生了110万元总产值，亩产值11万元。他很羡慕，决定学习这块园的经验，要套用这块园的施肥技术，已从这位师傅那里购入2021年施用的肥料共18万元，平均每亩费用约8 000元。

阳光玫瑰葡萄虽然是需肥量最多的品种，但是否需要亩用5 000～8 000元的肥料？值得这些跟风学习超量施肥种植者深思。

调查浙江嘉兴阳光玫瑰葡萄种得较好、亩产值稳定在5万元左右的沈金跃、陈方明、周志昂、钱国军等的肥料施用情况，一般亩成本2 000～2 500元，其中有机肥料1 200元左右，化学肥料1 000元左右。

3.没有根据园地土壤和树体长势施肥较普遍

（1）园地土壤存在较大差异。阳光玫瑰葡萄园千差万别，表现在：各地生态条件不同，建园地理位置不同（丘陵、平地、山区梯田），土壤质地不同，土壤肥力不同（主要指有机质含量），土壤酸碱度不同，土壤各种养分含量不同（缺某种元素），土壤保肥、保水能力不同，地下水位高低不同，根系下扎深浅不同，架式不同，行株距不同，苗木（砧木）不同，树龄不同，树体长势不同，栽培方式（大棚促早熟、避雨）不同，选用肥料不同，有机肥施用量不同，施肥方法不同，供水方法不同，园地杂草不同，蔓叶管理不同，产量定位不同，果穗大小定位不同，果粒大小定位不同，有无受过涝、旱、风、冻等自然灾害不同等25个不同。因此，肥料施用是一个大学问。只有根据当地、当时园地情况选择肥料、施用肥料，才能种好阳光玫瑰葡萄，年年种出精品果。

（2）树体长势在变化。一块园树体长势是变化的，今年长势旺，下一年长势不一定旺，受天气变化、管理变化等诸多因子影响。

阳光玫瑰葡萄按种出精品果要求，根据土壤状况和树体生长状况科学施用肥料，既要靠经验积累，还要善于分析，做出判断。

从调查看，多数园还做不到根据当年、当时土壤状况和生长状况科学施用肥料，盲目性较大，要么多施肥料，属多数；要么少施肥料，部分园存在。

4.氮、磷、钾施用不够平衡

根据阳光玫瑰葡萄各生长期对氮、磷、钾营养需求及时施用肥料，满足其根、蔓、叶生长和果实膨大需要，称平衡施肥。

没有根据阳光玫瑰葡萄各物候期对氮、磷、钾营养需求施肥，或多施肥与少施肥，称不平衡施肥。

对阳光玫瑰葡萄施肥情况调查发现，氮、磷、钾施用不平衡较普遍存在。主要表现在：

(1) 前期长势不旺的园氮素营养不够

①长势旺与不旺主要看叶片大小。南方第1次摘心下的叶片横径平均28厘米以上表明长势旺盛，25～28厘米属于长势中等，不到25厘米属于长势偏弱。

②长势旺与不旺主要取决于前期氮素施用情况。6叶期以前氮素营养较多，表现出长势旺，叶片较大，以后会保持较旺的长势。如6叶期以前氮素营养不足，没有表现出较旺的长势，叶片不够大，以后叶片也不容易恢复正常长势。

(2) 按习惯施用磷酸二氢钾，磷素营养易超量

调查发现按习惯施用磷酸二氢钾的葡萄园较普遍，亩施10～25千克，甚至50千克。磷酸二氢钾属于高磷中钾二元化肥，含磷量高达52%，为过磷酸钙含磷量12%的4.3倍，含钾35%。施用较多的磷酸二氢钾，园地磷会超标。

(3) 磷素施用偏多较普遍

①调查发现葡萄园磷肥施用偏多的园较普遍。在亩施有机肥料2吨基础上，还施用过磷酸钙或钙镁磷肥50～100千克，甚至施用高磷含量的磷酸二氢钾10～25千克，导致磷素营养偏多。

②磷素过量出现的问题。磷过量会促使枝蔓提早成熟，果柄提早木质化，果穗提早成熟，导致果粒偏小。

③施用较多有机肥料的园，以及施用含磷三元复合肥、水溶肥的园，不需要再施磷肥。

(4) 追肥全期选用水溶肥存在的问题　水溶肥已在葡萄园较广泛施用，节省了施肥用工，是葡萄省工栽培一项重要内容。

水溶肥种类很多，氮、磷、钾含量差异较大，有三元素同等含量的，有高氮的，也有高钾的。葡萄新梢生长期、果实第1膨大期是需求氮素营养的2次高峰期，应选用高氮肥料；果实第2膨大期是需求钾素营养高峰期，氮素已较少吸收，应选用高钾肥料。

不少葡萄园追肥全期选用水溶肥，不考虑葡萄不同生长期对氮、磷、钾需求是不同的，每次施用同一种肥料，影响施肥效果。

2020年施肥调查中发现，全期施用水溶肥的部分园，果实第2膨大期果粒增大不明显，是钾素营养不够的表现。这种园应增施钾肥，有利果粒增大。

5.盲目性较施用中、微量元素肥料

（1）缺素症的表现和发生的原因　除氮、磷、钾三元素，葡萄缺素症主要表现在钙、镁、铁、硼、锌、锰等6种元素。这些元素土壤中含量不少，能被葡萄吸收的有效态养分少，导致缺素症发生。

①缺素症发生与土壤酸碱度和降水量相关。我国南北由于降水量相差较大，土壤酸碱度也相差较大。南方以酸性土为主，北方以碱性土为主。因此，南方易发生缺镁症，北方易发生缺铁症、缺硼症、缺锌症、缺锰症。

②与品种、砧木有关。嫁接栽培选用SO4砧、110R砧，易发生缺镁症。实验园观察，秋红葡萄易发生缺镁症。20世纪90年代浙江嘉兴藤稔葡萄缺硼较多发生，进入21世纪嫁接栽培砧木选用SO4、5BB为主，缺硼症较少发生。

浙江海盐农业科学研究所实验园阳光玫瑰葡萄只发生缺镁症，其他缺素症未发生过。

（2）中、微量元素肥料施用盲目性较大　中、微量元素肥料施用一定要根据缺素症状表现来确定。没有发生缺某种元素症状，就不必施用这种元素的肥料。调查中发现不少园中、微量元素肥料施用盲目性较大。表现在：

①南方施用硼、锌肥料较普遍。南方酸性土为主，基本不缺硼、锌，没有必要施用。有的园施用铁、锰肥，也多属于盲目施用。

②南方施用钙肥较普遍。南方果农施用钙肥的目的是防止、减轻裂果。笔者经30多年研究，认为葡萄裂果主导因子是土壤水分。葡萄进入裂果期，土壤时干时湿，土壤较干燥时遇较大的雨或灌较多的水就会导致裂果。

葡萄裂果与钙有关系，但不起主导作用，为了防裂果没有必要施用钙肥。

③施用十元素肥料。十元素肥料在葡萄产区有售，一个葡萄园10种元素不可能都缺。因此，十元素肥料不适合在葡萄园施用。

6.盲目性施用促根肥

（1）促根肥施用情况调查 近10年促根肥开始在葡萄园施用，施用面在扩大。经调查施用促根肥的园：

①少数园常用促根肥。每年都要施用多次，作为必用的肥料。

②淹水园水排出后施用较多。理由是园地受淹根系受害，淹水后施用促根系生长。

③肥害园施用较多。肥害园生长受影响，主要是根系受影响，想通过施用促根肥恢复根系生长。

④感觉葡萄蔓叶生长较慢，就施用促根肥想促使生长快些。

⑤感觉果实膨大较慢，就施用促根肥想促使果实膨大快些。

⑥部分新种的苗木先用促根剂处理后再种植。

（2）促根肥该不该施用需进一步研究

①葡萄促根系生长关键是改良土壤。土壤疏松，有机质含量达3%以上，有较多的氮素营养，含水量适当（60%～79%），根系肯定会长好。

②海盐农业科学研究所葡萄实验园30多年没有施过促根肥，种过的142个葡萄品种均长得较好。

③施用促根肥对比试验。

（a）淹水园施用促根肥对比试验。2013年10月7日、8日海盐降水372.8毫米，葡萄大面积淹水，淹水时间多数长达6天以上，最长达10天。

于10月18日选择武原姚桥一块红地球葡萄淹水6天的园搞对比试验，半块施用促根肥半块不用。后期观察没有表现出差异，表明促根肥没有表现出效果。

（b）海盐农业科学研究所葡萄实验园施用促根肥试验。2017年新种植的阳光玫瑰葡萄，贝达砧大棚栽培一个棚，前期生长较慢，于5月6日半个棚施用促根肥，半个棚不施用作为对比。连续观察施用区，没有表现出效果。

7.已成熟园推迟上市肥水管理缺乏经验

阳光玫瑰葡萄推迟上市能增值。近几年浙江嘉兴不少阳光玫瑰葡萄园，成熟果实推迟上市15～45元，每亩能增值1万～3万元。以后推迟上市增值的面积会增加。

推迟上市期如施肥供水不当会造成裂果、烂果损失。调查到海盐县2019年、2020年各一块园，由于推迟上市期肥水管理不当，导致较严重的裂果、烂果，每亩减收2万元左右。

8.肥料选用上的误区

已调查到在鸡粪、尿素选用上部分地区存在误区。

（1）葡萄园不宜用鸡粪　2015年有人提出葡萄园不宜施用鸡粪。笔者的葡萄实验园已连续施用鸡粪20多年，葡萄都长得好好的。对葡萄园不宜使用鸡粪笔者持怀疑态度。

（2）葡萄园不能用尿素　2015年以来经常听到葡萄园不能用尿素的声音。2021年1月接到浙江嘉兴南湖区大桥镇一位种阳光玫瑰葡萄的果农来电，说当地流传葡萄园不能用尿素。笔者问什么理由，回答是施用尿素会影响葡萄花芽分化。笔者明确告知：尿素是好肥料，笔者实验园年年施用较多的尿素，年年花芽分化都较好。尿素葡萄园可以用，而且应该用。

葡萄园鸡粪不宜用、尿素不能用，是一种误导。

五、精品栽培园科学施好10次肥

阳光玫瑰葡萄是一个需肥量最多的品种，施好肥料是连年种出精品果的关键之一，还关系到肥料成本。

根据笔者6年的阳光玫瑰葡萄栽培管理实践，以及9年对7个省数百块阳光玫瑰葡萄园实地考察，获得的大量信息，总结形成阳光玫瑰葡萄6个生长期施10次左右肥料的理念，供阳光玫瑰葡萄种植者参考。不再提出各次肥料选择、施肥量等参考建议。

1.基施有机肥料

（1）施肥期　当地气象学进入秋季（当地连续5天气温低于22℃才算进入秋季）施用。尚未进入气象学秋季不宜施用。因气温还较高，施肥翻土伤根较多，叶片会落黄。

（2）施肥量　种植前几年亩施有机肥料2吨，提高土壤有机质含量，是种好阳光玫瑰葡萄的基础。以后看树势定施肥量。如树势连续2年较旺，可适当减少施肥量。

雨水较多的南方，不提倡有机肥料每年施用3吨以上。已调查到有机肥用量超过3吨导致肥害的园。

注意 不施用除磷肥外的其他化学肥料，包括微量元素肥料。

施有机肥

2.萌芽前施催芽肥

（1）**肥料选用** 施用氮素肥料和缺素症园的微量元素肥料，不必施用含磷、钾的肥料。南方普遍缺镁，有缺镁症状的园应每亩配施农用硫酸镁25千克左右。南方不缺锌，不必施用锌肥。

（2）**施肥期** 大棚促早栽培封膜后即可施用。避雨栽培在萌芽前15天前后施用。

（3）**施肥方法** 亩施氮、磷、钾含量均为15%的复合肥5～8千克，畦面撒施，浅翻入土。

3.6叶期施壮蔓肥

（1）**施用园的确定** 长势较旺的园不宜施用壮蔓肥，长势中等和偏弱的园应施用壮蔓肥。

（2）**肥料选用** 可亩施硝酸铵钙5千克。选用氮素肥料，不必施用含磷、钾的肥料。

（3）**施肥期** 多数新梢6叶左右应施用。采用6叶剪梢的园，剪好梢即施用或剪梢前施用。

4.果实第1膨大期施膨果肥4次左右

果实第1膨大期促果粒膨大的主要关键之一是多肥多水。

坐果后即开始开花第18天可开始施肥，以后每5～7天施用1次，要连续施用4次左右。

肥料选用、施肥量和施用方法要根据各自情况定。前2次以选用高氮的肥料为主，后2次选用高钾低磷的三要素肥。

在施好果实第1膨大肥，肥水配合的情况下，果实第1膨大期结束

第1膨果期

第2膨果期

时，多数果穗果粒横径可达到2.3厘米及以上，基本没有僵果。

如果实第1膨大期发现有的果穗已出现僵果，应立即施用氮肥和供水。已发生僵果的园，含氮素的肥料可施用到开始开花第50天左右，对防止或减轻果实第2膨大期发生僵果有效果。

5.果实第2膨大期施膨果肥2次

果实进入第2膨大期（开始软化期）对钾素营养需要量增加，应施2次以钾为主的肥料，使果粒继续增大，有利增糖，成熟果粒横径达2.8～3.0厘米，果粒重14～16克。此期要控制氮肥施用。如挂果偏多或树势偏弱的园，可酌情施用含有氮素的肥料。

6.早上市的园酌情施好采果肥

树长势好可不施用；如挂果偏多，或树体生长中庸，采果后可施用氮素肥料，含有磷、钾的肥料不必用。

葡萄采果后遇最高气温30℃以上天气，不宜施用采果肥，否则叶片会黄化。最高气温降至30℃以下可施用。

7.推迟上市园挂果期的肥水管理

果实已成熟的园推迟上市能增值，挂果期要做好肥水管理。掌握的原则：

（1）推迟15天上市供1次肥水，推迟30天上市供2次肥水，推迟45天上市供3次肥水。

（2）每次肥水供应量要根据园地情况和树体生长情况定。凭经验积累。

（3）发现裂果、烂果、锈果立即采摘上市。

六、水分管理

1.提倡畦面覆黑色除草膜

畦面覆黑色膜能保水压草，促根系下扎。应于新梢生长期覆膜，最晚于开始开花前覆好膜。可连续用5年左右。

畦面覆黑色除草膜

2.供好水

破眠剂涂芽时必须供水；无核保果剂、果实膨大剂处理时结合施肥要供水；每次施肥都要及时供应较多的水；果实第1，第2膨大期园地均要保持湿润，不能干燥。但也要避免园土过湿，影响根系生长。秋季遇干旱天气要供水。

3.受涝园、叶片早落园的管理

（1）受涝园抢排水，越快越好。

（2）果实还不能上市的园要剪果保树。淹水72小时以上剪掉全部果穗，剪果保树；淹水24～72小时看树势和挂果量，剪掉部分或大部分果穗，剪果保树；淹水24小时以下的园是否要剪果保树，视挂果量和树体长势定。

（3）淹水园是否会死树的判断。秋季顶梢嫩叶枯萎的树会死，顶梢嫩叶完好的树不会死。

（4）淹水园水排出后10天内不能施用任何肥料，否则会加重死树。

（5）淹水园对根系影响很大，下一年应少挂果，以培育树体。如按正常园挂果，果粒不大，僵果多，得不偿失。

七、南方重视酸性土改良

1.南方中、东部地区葡萄园pH值测定

浙江海盐县农业科学研究所于2014年对5省14个县（市）葡萄园进行pH测定，共测定了234块园地。测定结果：pH 6.5 ~ 6.9的中性土49块，占20.9％；pH 5.5 ~ 6.4的酸性土116块，占49.6％；pH 4.5 ~ 5.4的强酸性土49块，占20.9％；pH 4.4以下的极强酸性土20块，占8.6％。

2.酸性土葡萄园施用石灰改良

酸性土施用石灰能提高土壤pH值，pH 6以下酸性土壤要施用石灰改良。

施用量：块状生石灰酸性土亩用量50千克左右，强酸性土70 ~ 100千克。石灰化开后洒在畦上。

施用期：可在施基肥时施用，也可在春季施用。pH 6以上的葡萄园不必施用石灰进行改良。石灰不能与生物有机肥混用。

土壤酸化

酸性土施用石灰改良

第 10 章
保健卫生栽培，少用农药防好病虫害

阳光玫瑰葡萄是抗病性较好的品种，在设施栽培条件下南方主要防好开花期前后的灰霉病。只要蔓、叶、果不受雨淋，黑痘病、炭疽病、霜霉病一般不会发生，白腐病、溃疡病、白粉病等发病较轻。因此，农药防治重点是防好灰霉病。

一、防好病虫害的重要性

阳光玫瑰葡萄虽然抗病性较好，但还是会发病，虫害各产区都有发生。受病虫为害的葡萄会造成损失。表现在：

（1）直接为害花序和果穗，导致产量降低，质量下降，产值减少。

（2）为害根、蔓、叶，影响树体生长。新梢生长期、果实膨大期为害，影响果实膨大；秋季为害叶片提早黄化、脱落，影响花芽继续分化，减少下一年花量。

（3）关系到用药成本。浙江嘉兴在设施栽培条件下，农药用得少、病虫害防得好的园，亩用农药成本仅30～50元，多数200多元。调查安徽一些园，亩农药成本300～500元。调查到云南一块露地栽培园，亩农药成本1 500元。

（4）关系到环境污染。农药用得少，对环境污染小；农药用得多，对环境污染大。

二、病虫害防治存在的主要问题

1.理念上轻预防，重药治

病虫害防治原则：预防为主，综合防治。预防为主应用到葡萄上主要是保健卫生栽培，达到改善葡萄园小气候，提高树体抵抗力，减少病原菌，减少虫源的目的，少用农药就能防好病虫害。

现实情况是多数葡萄种植者轻预防，重药治。行动上多次用药、乱用药，如葡萄生长期、果实膨大期每隔7～10天用一次药，设施栽培园一年用药15次以上，露地栽培园普遍用到20次以上。

2.农药选择上轻矿物源农药，重化学农药

矿物源农药的铜制剂、硫制剂是防病的好农药，世界主要葡萄产区

已使用100多年。我国葡萄发展前期也在推广铜制剂、硫制剂。浙江海盐20世纪80～90年代葡萄园用的主要农药是硫酸铜与石灰配制的波尔多液，硫黄与石灰熬制的石灰硫黄合剂，成本低，效果好，不会导致产生耐药性。进入21世纪，农药市场上已出现的铜制剂有喹啉铜、硫制剂有石硫合剂。

随着化学农药的推广，尤其国外生产的防病农药大量进入国内市场，果农对农药选用发生了较大变化，现今用铜制剂、硫制剂等矿物源农药的葡萄园较少，基本已被化学农药取代。

3. 化学农药选择上轻低价、中价农药，重高价、进口农药

按30升水所配农药的费用将其分为三类：4元以内为低价农药，4～8元为中价农药，8元以上为高价农药。进口农药多数在8元以上。

调查发现多数葡萄园选用8元以上的高价农药，调查到浙江义乌一块葡萄园15升水所配农药费用高达15元。有的园2种农药、3种农药混用，15升水所配农药费用达20元以上。

为什么喜欢选用高价药、进口药，认为价格高的药、进口的药效果好，其实不然。

4. 多药混配较多

阳光玫瑰葡萄各物候期主要发生1种病害，多种病害同时发生不多，尤其在设施栽培条件下，病害、虫害同时发生也不多。调查发现，用防病药时混配治虫药较普遍，用治虫药时混配防病药也较普遍，有的3种农药混用，调查到5种农药混用的。人为拉高用药成本。

其实多数情况下不必多药混用，防什么病针对性地选用一种防病药，治什么虫针对性地选用治虫药，就能达到防治目的。

5. 农药成本偏高

上述四方面的问题存在，导致农药成本偏高。在设施栽培条件下，种植抗病性较好的阳光玫瑰葡萄，亩农药成本100元以下是合理的，超过100元属于偏高，实际情况是亩农药成本超过200元占多数。

6.药害常有发生

由于多用药、多药混用、乱用药，葡萄蔓、叶、果出现药害各葡萄产区年年都有发生。调查到浙江一块园5种农药混用，新梢停止生长。

三、保健卫生栽培是减少发病、少用药的关键

保健卫生栽培是减少病原菌、虫源，创造葡萄园良好小气候，提高树体抗性的主要措施。

1.保健卫生栽培主要措施

（1）设施栽培，使蔓、叶、果不受雨淋，可大大减轻通过雨水传播的病害，还能减少虫害发生量。

（2）蔓叶数字化规范管理，葡萄园通风透光好。

（3）不进行超高产、大穗栽培，提高树体抗病性。

（4）南方较深畦沟，三沟配套，排水良好，园地不受淹水，提高根系抗逆性。

（5）园地不间作套种，不种草，可减少病原菌、虫源。

（6）卫生栽培，葡萄园夏季蔓叶管理时做到畦面基本没有蔓叶，果穗管理时畦面没有烂果，园地清清爽爽，减少虫源和病原。

2.实验园保健卫生栽培、少用农药防好病虫害的实践

（1）实践　笔者的葡萄实验园1987年建园开始就重视保健卫生栽培，农药用得比较少。

1994—2000年，露地栽培用药15.4次，亩农药成本140.1元，当时农药价格较低。

2001—2005年避雨栽培，使用农药9.6次，亩农药成本95.2元。

2006—2010年大棚栽培，使用农药7.5次，亩农药成本59.1元。

2011—2014年保健卫生栽培进一步完善，开始调减农药使用的实践，如冬季不用清园剂、萌芽期不用杀菌剂、开始开花前不用药的实践。

从2015年开始大胆采用"2+2"次用药理念。

第1个"2次"：即开始开花期花穗喷防灰霉病农药（不是全部蔓叶

喷药），坐好果蔓、叶、果喷喹啉铜保护。

第2个"2次"：无核保果剂中混配防灰霉病农药，膨大剂中混配1 500倍喹啉铜保护。

（2）效果　实验园2015—2019年的5年，均采用"2+2"次用药，由农药成本30元左右，各种病害均发生较轻，没有造成危害；虫害没有发生，没有用过治虫药。是保健卫生栽培显示的效果。

四、用好"3+2"次农药，防好病害

阳光玫瑰葡萄抗病性较好，在设施栽培条件下，用好"3+2"次农药就能防好病害。

1.用好3次防病药

第1次：开始开花期，花穗喷防灰霉病农药1次。

第2次：果实膨大剂处理后，蔓、叶、果喷1次保护剂，推荐用1 500倍喹啉铜液。

第3次：果穗套袋前，蔓、叶、果喷1次保护剂，推荐用1 500倍喹啉铜液。

2.用好2次混配药

第1次：保果处理时，保果剂中混配防灰霉病农药。

第2次：膨大处理时，膨大剂中混配保护剂农药。

五、视病虫发生情况用药

在用好"3+2"次农药的基础上，还要视阳光玫瑰葡萄园病虫害发生情况用好药。

（1）冬季是否用清园剂。设施栽培条件下，全年发病较轻的葡萄园，冬季不必用石灰硫黄合剂消毒；发病较重的园，冬季要用石灰硫黄合剂消毒。

（2）萌芽绒球期是否用杀菌剂。设施栽培条件下，没有发生介壳虫和螨类的园，萌芽绒球期可不用石灰硫黄合剂；发生介壳虫和螨类的

园，萌芽绒球期应用5波美度的石灰硫黄合剂杀灭越冬的介壳虫和螨类。

（3）白粉病防治。南方大棚栽培遇少雨天气如发生白粉病，果穗喷防治白粉病农药1次。没有发生不必用药。

（4）设施栽培条件下，少数叶片发生霜霉病不必用药防治。

（5）果实膨大期，大棚管理不当，果穗淋到雨，会渐次发生炭疽病、白腐病、溃疡病，发病不重不必用药，剪掉病果。发病较重要用药防治。

（6）绿盲蝽视发生情况用药，少量叶片被害不必用药防治。

（7）天牛发生过的园无法用农药防治。秋天经常检查叶片颜色，发现叶片发黄的株，检查虫孔，再用治虫药兑水400倍从虫孔蛀入，孔口用泥塞好，蛀入的天牛幼虫就闷死在里面。

（8）其他虫害视发生情况用药。零星发生不必用药，发生较重及时用药。

六、精品园果穗套袋技术

1.阳光玫瑰葡萄果穗必须套袋

果穗套袋好处：避免上部果粒日焦，增加果实光洁度，提高品质。

2.果袋选择

最好选用绿色果袋。白色果袋也可用。

3.套袋时期

宜晚不宜早。果实第1膨大期不宜套袋，否则会影响果实膨大。进入果实第2膨大期开始套袋，即开始开花60天后套袋。

4.除袋时期

可在采摘上市前7天左右除袋，或带袋上市。

完好果袋可连续用2～3年。除破损的果袋和发病葡萄的果袋不能重复使用外，完好的果袋可连续使用2～3年。果袋不必消毒，保存好下一年再用。

葡萄套袋

第11章

卖好葡萄，增值明显

一、卖好葡萄的重要性

阳光玫瑰葡萄销售价格较高，种好是基础，卖好是关键。相同的果实质量，卖得好与不好，每千克果实售价相差4～6元，多的相差达10元，亩产值相差0.6万～1万元，多的达2万元。

浙江嘉兴秀州区王江泾镇陈方明，2016年阳光玫瑰葡萄每千克果售价16～24元。2017年阳光玫瑰葡萄挂果34亩，计划每千克售价30元。

笔者于2017年7月7日带陈方明等5位嘉兴阳光玫瑰葡萄种植者到广东深圳车旭涛老师指导的阳光玫瑰葡萄园考察学习。看到该园每千克精品果售价160元很惊讶，于是在深圳大家就商定要调整理念，根据嘉兴市场情况，精品果每千克销售价格从原打算的30元提高到40元。陈

各种精品葡萄的包装

方明园这一年50 000千克阳光玫瑰葡萄，每千克果实际售价41元，总产值比原计划多出50万元。

二、葡萄上市存在的主要问题

1.未熟抢上市

阳光玫瑰葡萄果皮黄绿色，按果皮颜色较难判断果实成熟度，每年都会出现未充分成熟、低糖果实上市的现象。2020年浙江嘉兴市场上有可溶性固形物含量仅11%的阳光玫瑰葡萄在销售，无法吃。可溶性固形物含量低于15%的阳光玫瑰葡萄市场还不少，不好吃，全国各葡萄产区都不同程度存在。未完熟上市将影响阳光玫瑰葡萄"阳光＋玫瑰"好吃的声誉。

2.统货销售

一个葡萄园果实质量常存在差异，管理到位的园也存在一部分质量稍差的果穗，分级上市公平合理。调查到不少园全园阳光玫瑰葡萄不分等级一个价销售。

3.集中上市售价较低

各地葡萄销售市场都存在集中上市期，由于上市量较多，销售价格相对较低。浙江嘉兴水果批发市场阳光玫瑰葡萄集中旺销期在8月下旬至9月的40多天，由于上市量较大，相同质量的果实每千克售价比早上市和晚上市的要低10～14元，亩产值要低1.5万～3.0万元。随着阳光玫瑰葡萄面积不断扩大，集中旺销期上市量逐年在增加，售价还会逐年下降，要引起重视。

如何提早或延后上市，稳定销售价格，是稳住阳光玫瑰葡萄较高产值、较高效益的关键之一。

阳光玫瑰葡萄大棚促早熟栽培能提早成熟采摘上市20～40天，生长正常的园成熟果可挂果延后采摘上市20～40天。种植面积10亩以上园，应安排大棚双膜、单膜栽培和避雨栽培，使早上市和晚上市的果实占多数，就能达到稳住较高售价、较高产值、较高效益之目的。

三、成熟上市含糖量标准

1.正常成熟园

阳光玫瑰葡萄可溶性固形物含量达18%可采摘上市，口感较好，体现出阳光玫瑰葡萄好吃的优良性状，可以较高价格销售。

广东深圳阳光庄园在全国大量经销阳光玫瑰葡萄，果穗底粒可溶性固形物含量达到17%才购入，以保证销售品质。

2.出问题的园

无法正常成熟的园，可提早采摘上市，以获取一定的收益。

（1）即将成熟园叶片提早黄化，可溶性固形物含量已达到15%，可降低售价抓紧上市，保护树体。

（2）果实第2膨大期的前期、中期，青枯焦叶较多，视焦枯叶多少剪果保树。可溶性固形物含量低于11%的果不能上市销售。

（3）即将成熟园由于肥水管理不当，发生较多裂果、烂果，如果实可溶性固形物含量已达15%，可降低售价抓紧上市，以减少损失。

出问题的园含糖量低

（4）已发生果锈的园抓紧上市。

四、已成熟园推迟上市能增值

1.浙江嘉兴成熟果实推迟上市增值实践

（1）避雨栽培已成熟园推迟上市能增值　2019—2020年有些园推迟上市15～45天，每千克果售价能增加6～14元，亩产值能增加1万～3万元。找到了阳光玫瑰葡萄增值的新途径，值得引起重视，可逐步推广。

（2）正常成熟园冷藏推迟上市能增值　调查到有些果农将成熟果实于9月采摘后冷藏，推迟到10月下旬、11月初上市，每千克果实能提高售价6 ~ 14元。

2.推迟上市增值要有市场条件

浙江嘉兴市水果批发市场葡萄果实销量很大，半个中国的一些水果商到嘉兴购销阳光玫瑰葡萄，优质优价比其他水果批发市场明显。因此，阳光玫瑰葡萄精品果在嘉兴水果批发市场销售能卖出较好的价格。

如2020年10月下旬至12月上旬，嘉兴水果批发市场推迟销售的阳光玫瑰葡萄，每千克批发价高达44 ~ 64元，推迟销售增值显著。

山西果农2020年10月下旬上市的阳光玫瑰葡萄，在当地每千克只能卖到24 ~ 30元，冷藏运输到嘉兴市场，每千克售价高达44 ~ 50元，除去运输等成本，每千克阳光玫瑰葡萄净增值16元。

全国其他阳光玫瑰葡萄产区，如当地有类似嘉兴的水果批发市场，可尝试进行阳光玫瑰葡萄延迟上市，以达到增值效果。如当地没有这类市场，不能盲目进行推迟上市。

3.阳光玫瑰葡萄成熟果实挂在树上推迟上市要注意的事项

（1）面积不宜过大，面积较大的园可搞一部分。

（2）要选择避雨栽培，在浙江嘉兴9月成熟的园。

（3）选择没有裂果、病果的园。

（4）选择长势旺、不会产生果锈的园（长势不旺的园成熟果实会产生果锈）。

（5）亩产量2 000千克以上的园，可先上市一部分果，最好亩留1 500千克左右的果推迟上市。

（6）成熟果实推迟上市要掌握好推迟期的肥水管理，如管理不当会导致裂果、烂果，会减值。

（7）推迟上市期的10月下旬、11月天气以晴天为主，可推迟上市半个月至1个半月。浙江嘉兴2019年、2020年属于这种天气。2018年10月是多雨天气，就不宜推迟上市。

4.阳光玫瑰葡萄冷藏推迟上市要注意的事项

（1）葡萄质量要好，能较多增值。质量不好，如果穗形状不好、果粒偏小，不好销售，增值不明显。

（2）最好选择避雨栽培，在浙江嘉兴9月成熟的园，以缩短冷藏期。

（3）选择没有裂果、病果、果锈的果实冷藏。

（4）严格按葡萄果实冷藏操作规程，确保冷藏期不出问题。

2020年8月15日赴浙江余姚授课，了解到一个农户种阳光玫瑰葡萄5亩，成熟果实每千克30元不肯卖，进行冷藏延迟上市。但冷藏期间出了问题，结果每千克果10元销售，减值。

葡萄上不提倡使用的农药及禁用农药

1.不提倡使用的农药

杀虫剂：抗蚜威、毒死蜱、吡硫磷、三氟氯氰菊酯、氯氟氰菊酯、甲氰菊酯、氰氯苯醚菊酯、氰戊菊酯、异戊氰酸酯、敌百虫、戊酸氰醚酯、高效氯氰菊酯、贝塔氯氰菊酯、杀螟硫磷、敌敌畏等。

杀菌剂：敌磺钠（地克松、敌克松）、冠菌清等。

中等毒性、注意农药使用的安全间隔期。

2.果树生产禁用的农药（高毒高残留）

六六六、滴滴涕（DDT）、毒杀芬、二溴氯丙烷、杀虫脒、二溴乙烷、除草醚、艾氏剂、狄氏剂、汞制剂、砷类、铅类、敌枯双、氟乙酸胺、甘氟、毒鼠强、氟乙酸钠、毒鼠硅、甲拌磷、乙拌磷、久效磷、对硫磷、甲基对硫磷、甲胺磷、甲基异柳磷、氧化乐果、磷胺、特丁硫磷、甲基硫环磷、治螟磷、内吸磷、灭线磷、硫环磷、蝇毒磷、地虫硫磷、氯唑磷、苯线磷。

图书在版编目（CIP）数据

图解阳光玫瑰葡萄精品高效栽培 ／ 杨治元，陈哲编著 . —北京：中国农业出版社，2021.7（2022.4重印）
（专业园艺师的不败指南）
ISBN 978-7-109-28454-8

Ⅰ . ①图… Ⅱ . ①杨… ②陈… Ⅲ . ①葡萄栽培－图解 Ⅳ.①S663.1-64

中国版本图书馆CIP数据核字(2021)第128880号

中国农业出版社出版
地址：北京市朝阳区麦子店街18号楼
邮编：100125
责任编辑：郭晨茜 孟令洋
版式设计：郭晨茜 责任校对：刘丽香 责任印制：王 宏
印刷：北京中科印刷有限公司
版次：2021年7月第1版
印次：2022年4月北京第5次印刷
发行：新华书店北京发行所
开本：880mm×1230mm 1/32
印张：5
字数：135千字
定价：29.80元